机场场道维护与管理系列丛书

机场标志物识别与维护

吴　昊　施泽荣　任素丽　郑雅琼　编著

U0200297

合肥工业大学出版社

内容提要

根据多年的教学实践和机场场道维护的需要,本书编者分类介绍了机场标志线,机场标记牌和标志物的类型、构型、设置位置,机场地面灯光,飞行区场地维护以及地面导航台等有助于识别各类标志的理论知识,帮助读者认识各类机场标志;并从维护工作的角度出发,详细说明了三大类标志的设置、维护或维修的工作要点与施工工序以及质量检验标准。通过本书的学习,读者能够完全了解各类标志并能应用于工作实践。本书以图例为主,文字解释为辅,图文并茂,叙述简明,文字通俗易懂,以图解文,更加贴近读者。

本书是相关大专院校、机场场务技术与管理和其他有关专业的基础教材,也可作为机场场务工作人员的参考书。

图书在版编目(CIP)数据

机场标志物识别与维护/吴昊,施泽荣等编著 .—合肥:合肥工业大学出版社,2018.9
ISBN 978-7-5650-4194-5

Ⅰ.①机… Ⅱ.①吴…②施… Ⅲ.①机场—标志—设备—识别②机场—标志—设备—维修 Ⅳ.①V351.38

中国版本图书馆 CIP 数据核字(2018)第 229952 号

机场标志物识别与维护

吴 昊 施泽荣 任素丽 郑雅琼 编著   责任编辑 权 怡

出 版	合肥工业大学出版社	版 次	2018 年 9 月第 1 版
地 址	合肥市屯溪路 193 号	印 次	2018 年 9 月第 1 次印刷
邮 编	230009	开 本	787 毫米×1092 毫米 1/16
电 话	编校中心:0551-62903210	印 张	14.5
	市场营销部:0551-62903198	字 数	330 千字
网 址	www.hfutpress.com.cn	印 刷	合肥现代印务有限公司
E-mail	hfutpress@163.com	发 行	全国新华书店

ISBN 978-7-5650-4194-5   定价: 45.00 元
如果有影响阅读的印装质量问题,请与出版社市场营销部联系调换。

前　言

机场标志物对于机场运行安全有着不可忽视的影响。其中，目视助航设施是机场非常重要的辅助设施之一，它为飞机起飞、着陆、滑行及场内特种车辆运行提供引导与指示，为驾驶员判断方向、位置提供信息及安全警告；导航设备对于机场飞行安全、航空地面安全，以及机场正常、高效运转起着至关重要、不可替代的作用；此外，标记牌、标志线如何更加规范地实施使用，使其达到国家相关标准，也是我们要考虑的问题。

鉴于上述情况，为了培养出适于场道维护的合格的一线员工，我们特编写了本书。本书以机场场务员目视助航设施维护岗位工作内容为基础，以"必需""够用"为原则，以情境教学法为依托，包含了机场飞行区概述、标志线识别与维护、标记牌识别与维护、标志物识别与维护、机场灯光和导航设备等六个与机场目视助航设施维护工作有关的内容。

本书既可以作为高职、大专院校相关专业的教材，也可以作为机场一线员工的培训用书以及相关业务人员的技术参考书。

本书由广州民航职业技术学院的教师团队共同编写，吴昊负责编写民用机场飞行区概述、标记牌识别与维护和标志物识别与维护章节；施泽荣负责编写飞行区场地日常维护和地面导航台维护章节；郑雅琼负责编写机场地面灯光章节；任素丽负责编写标志线识别与维护章节和附录；全书由吴昊负责统稿、修改、补充和定稿。此外，在编写过程中还得到了李荣波、白文娟等老师的大力支持，他们的帮助和支持对提高本书的内容质量和编写水平起到了重要的作用。在此，编者谨向上述老师致以诚挚谢意。

由于编者水平所限，书中难免存在不当及错误之处，恳请有关专家和读者批评、指证。

编　者

前　言

目　录

前　言 ··· (1)

第一章　民用机场飞行区概述 ····························· (1)

第一节　机场飞行区 ······························· (2)

第二节　航空器起飞阶段 ························· (12)

第三节　航空器进近与着陆 ····················· (15)

第四节　跑道与滑行道 ··························· (20)

第五节　航图概述 ······························· (28)

第六节　机场道面强度 ··························· (29)

第七节　机场飞行区技术进展 ··················· (31)

第二章　标志线识别与维护 ····························· (41)

第一节　标志线认知 ····························· (42)

第二节　标志线划设 ····························· (82)

第三节　标志线清除 ····························· (89)

第四节　标志线维护 ····························· (90)

第三章　标记牌识别与维护 ····························· (92)

第一节　标记牌的认知 ··························· (93)

第二节　标记牌设置 ···························· (100)

第三节　特殊标记牌 ···························· (118)

第四节　标记牌施工与维护 ······················ (123)

第四章　机场标志物 ···································· (126)

第一节　指示标概念 ···························· (127)

第二节 标志物设置 ……………………………………………………… (127)

第三节 滑行道逆向反光标志物的设置与验收 ………………………… (131)

第五章 机场地面灯光 ……………………………………………… (134)

第一节 助航灯光设备 …………………………………………………… (135)

第二节 机场灯光系统 …………………………………………………… (136)

第三节 航空障碍灯 ……………………………………………………… (142)

第六章 飞行区场地日常维护 ……………………………………… (145)

第一节 道面清扫保洁 …………………………………………………… (146)

第二节 清除道面污染物 ………………………………………………… (146)

第三节 清除冰雪 ………………………………………………………… (146)

第四节 道面抢修 ………………………………………………………… (148)

第五节 土质地带维护 …………………………………………………… (148)

第六节 排水系统日常维护 ……………………………………………… (149)

第七节 地面标志维护 …………………………………………………… (150)

第八节 飞行区围界维护 ………………………………………………… (150)

第九节 巡场路维护 ……………………………………………………… (150)

第十节 机具配备与维护 ………………………………………………… (151)

第七章 地面导航台维护 …………………………………………… (152)

第一节 仪表着陆系统 …………………………………………………… (153)

第二节 甚高频全向信标 ………………………………………………… (167)

第三节 测距仪 …………………………………………………………… (178)

第四节 无方向信标 ……………………………………………………… (186)

第五节 其他导航设备净空要求 ………………………………………… (191)

附录 A 逆向反光贴片的性能要求 ………………………………… (195)

附录 B 航空地面灯、标志、标记牌和面板的颜色 ……………… (197)

附录 C 标记牌平均亮度计算 ……………………………………… (203)

附录 D 民用机场飞行区场地日常巡查记录表 …………………… (204)

附录 E 民航标准主要维护机具与性能汇总表 …………………… (207)

附录 F　维护设备和材料简介 ……………………………………………………（208）

附录 G　标志线检测方法 …………………………………………………………（209）

附录 H　标记牌上的字符形状 ……………………………………………………（211）

附录 I　标志的字符形状、比例与尺寸 …………………………………………（215）

附录 J　中国民航和华东地区的仪表着陆系统（ILS）发展及应用概况…………（220）

附录 K　中国民航和华东地区的全向信标/测距仪（VOR/DME）发展及应用概况

　　　　………………………………………………………………………………（221）

附录 L　机载天线位置示意图 ……………………………………………………（222）

参考文献 ……………………………………………………………………………（223）

第一章 民用机场飞行区概述

　　机场飞行区主要包括跑道系统、滑行道系统和机坪，是供飞机起飞、着陆、滑行、停放维修、进行地面服务等使用的场地，同时包括其上的空域。在飞行区内，设有道面、排水设施、目视助航设施、草坪等。其中，目视助航设施是为飞机驾驶员昼夜提供起飞、进近、着陆和滑行的目视引导信号而设置的工程设施，是机场非常重要的辅助服务资源。由于这些设施长时间暴露于外界环境，会受到各类自然因素（温度变化、风、雨、雪、轮胎摩擦、自然老化等）的影响，会产生各种各样的破坏（破损、断裂、故障、模糊不清等），因此做好目视助航设施的设置、日常维护及维修工作，使其使用状况达到规定的技术标准，才能充分保障飞行安全，提高运行效率。航空器在飞行区起飞见图1-1。

图1-1　航空器在飞行区起飞

需要掌握的知识如下：
➢ 飞行区等级；
➢ 跑道系统构成；
➢ 滑行道系统构成；
➢ 跑道公布距离；
➢ 机场道面强度；
➢ 目视助航设施的种类；
➢ FOD的危害与防治。

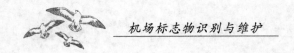

第一节　机场飞行区

飞行区指的是机场供飞机起飞、着陆、滑行和停放使用的场地及其近空空域，包括升降带、跑道端安全区、滑行道、机坪和机场净空。

一、机场

1903 年出现飞机的时候还没有机场的概念，当时飞机直接在平整的土地或草地上起飞和降落。历史上第一个机场于 1910 年在德国出现，这个机场使用的是一片划定的草地，由几个人管理飞机的起飞和降落，使用帐篷来存放飞机。1919 年后，随着航空运输的发展，欧洲开始建立最初的民用航线，开始大量建立机场。经过几十年的发展，机场越来越先进，由过去简易跑道发展到混凝土浇筑的跑道系统；机场所提供的服务越来越全面，空管、通信、安全等保障系统都建立起来了；同时，社会对机场的要求也越来越高。

国际民航组织在国际民航公约附件 14 第 I 卷《机场设计与运行》中给出的机场定义是："陆地或水面上供飞机起飞、着陆和地面活动使用的划定区域，包括各种建筑物、装置和设施。"机场的分类方法较多，比较常见的是按机场服务对象、航线性质和航线布局进行分类。根据服务对象，机场可分为民用运输机场、通用航空机场、工厂用机场（研制和试飞）、学校用机场（培训）和军用机场。

机场作为航空器运行的始点或终点，首先必须满足航空器的起飞和降落要求。此外，还必须提供相应的人员和服务空间。我们主要以民用运输机场为例来介绍其组成部分，民用运输机场主要由飞行区、旅客航站区、货运区、机务维修区、供油设施、空中交通管制设施、安全保卫设施、救援和消防设施、行政办公区、生活区、生产辅助设施、后勤保障设施、地面交通设施及机场空域等组成。机场也可以分为空侧（Air side）和陆侧（Land side）两部分。空侧指飞行区；陆侧也称为地面运输区，包括机场进入通道、机场外停车场和机场内部通道系统。

图 1-2 所示为某机场的机场平面图。从图中可以看到跑道、升降带、净空道、滑行道、停机坪、航站楼、机坪、货机坪、助航灯光等相应的位置。

（一）飞行区

机场飞行区为飞机地面活动及停放提供适应飞机特性要求和保证运行安全的构筑物的统称，包括跑道及升降带、滑行道、停机坪、地面标志、灯光助航设施及排水系统。目前常直接使用机场飞行区等级指称机场等级。飞行区等级并不直接与机场跑道长度、宽度等同，还与道面强度、道面摩擦力等相关，具体用道面等级序号 PCN 与飞机等级序号 ACN 指称。飞行区等级可以向下兼容，例如我国机场最常见的 4E 级飞行区常常用来起降国内航班最常见的 4C 级飞机（如波音 737、空中客车 A320 等），飞机一般使用跑道长度一半以下（约 1500m）即可离地起飞或使用联络道快速脱离跑道。在天气与跑道长度允许的情况下偶尔可在低等级飞行区起降高等级飞机，例如我国大部分 4E 级机场均可以减载起降 4F 级的空中客车 A380 飞机，但这会造成跑道寿命降低，并需要在起降后人工检查跑道道面。增加跑道长度有利于在气象条件不佳、刹车反推失效或错过最佳接地点的情况下降落

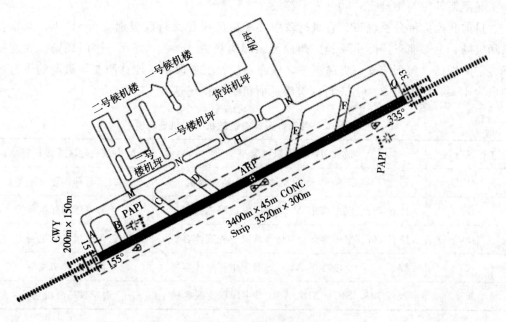

图 1-2 机场平面图

时避免冲出跑道，亦有利于在紧急中断起飞的情况下利用剩余跑道长度减速刹车。增加跑道宽度有利于在滑跑偏离跑道中心线的情况下有较大修正余地，避免飞机冲出跑道。表1-1为飞行区等级代号。

表 1-1 飞行区等级代号

代码		代字		
数字	基准飞行场地长度（m）	字母	翼展（m）	主起落架轮距（m）
I	<800	A	<5	<4.5
II	800~1200（不含）	B	5~24（不含）	4.5~6（不含）
III	1200~1800（不含）	C	24~36（不含）	6~9（不含）
IV	≥1800	D	36~52（不含）	9~14（不含）
		E	52~65（不含）	9~14（不含）
		F	65~80（不含）	14~16（不含）

注：表中基准飞行场地长度指的是在标准条件下（零海拔，气温为15℃，无风，跑道坡度为零），以该机型规定的最大起飞重量为准的最短平衡场地长度或最小起飞距离。

飞行区各项构筑物的技术要求和飞机的特性有关，我国采用航空民航标准《民用机场飞行区技术标准》（MH 5001—2000）加以规范。国际民航组织和中国民用航空局用飞行区等级指标 I 和 II 将有关飞行区机场特性的许多规定和飞机特性联系起来，从而给在该机场运行的飞机提供适合的设施。飞行区等级指标 I 根据使用该飞行区的最大飞机的基准飞行场地长度确定，共分 4 个等级；飞行区等级指标 II 根据使用该飞行区的最大飞机翼展

和主起落架外轮间距确定，共分 6 个等级。

目前我国大部分直辖市、省级行政中心城市的机场飞行区级别均为 4E 级，北京首都国际机场、上海浦东国际机场和广州白云国际机场为 4F 级。另外，厦门高崎、大连周水子、宁波栎社、深圳宝安、青岛流亭、珠海三灶、三亚凤凰、桂林两江等机场的飞行区级别也为 4E 级。表 1-2 为各飞行区等级适航机型和机场示例。

表 1-2　各飞行区等级适航机型和机场示例

飞行区等级	最大可起降飞机种类举例	国内该飞行区等级机场举例
4F	空中客车 A380 等四发远程宽体超大客机	北京首都国际机场等
4E	波音 747、空中客车 A340 等四发远程宽体客机	上海虹桥国际机场等
4D	波音 767、空中客车 A300 等双发中程宽体客机	兰州中川国际机场等
4C	波音 737、空中客车 A320 等双发中程窄体客机	盐城南洋机场等
3C	波音 733、ERJ、ARJ、CRJ 等中短程支线客机	内蒙古乌海机场等

（二）跑道

对于机场来说，跑道首先要满足此飞行区的容量需求，即数量要够；其次，跑道要保证飞机起降安全，即要满足适航技术要求。为此，机场跑道必须在几何特性（方位、长度、宽度、坡度）、物理特性（道面强度、表面功能、完好性）两个方面满足机场技术标准。

（三）升降带

飞行区内必须设置升降带（图 1-3）。升降带应包含跑道及停止道（当设置时）。升降带长度应自跑道端（当设置停止道时应自停止道端）向外延伸：飞行区等级 I 为 2、3 或 4 时至少延伸 60m；飞行区指标 I 为 1 并为仪表跑道时，延伸 60m；飞行区指标 I 为 1 并为非仪表跑道时，延伸 30m。升降带宽度规定：含有精密进近跑道的升降带，只要实际可行，必须沿升降带的全长，从跑道中线及其延长线每侧横向至少延伸下述距离：基准等级为 3 或 4，延伸 150m；基准等级为 1 或 2，延伸 75m。

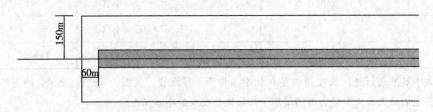

图 1-3　升降带示意图（飞行区等级 I 为 4，仪表跑道）

跑道两端的升降带土面区，主要用于保证飞机在起飞着陆滑跑过程中一旦偏出跑道时的安全。除了为保证飞行安全所必需的并符合易折要求的助航设备外，升降带下列范围内不应有任何危及飞行安全的固定物体和运动物体。

· 4 ·

表 1-3　不同跑道对应的升降带长度和宽度

	相对跑道	飞行区指标 I			
		1	2	3	4
非仪表跑道	每端延伸长度	30m	60m	60m	60m
	每侧延伸宽度	30m	40m	75m	75m
仪表跑道	每端延伸长度	60m	60m	60m	60m
	每侧延伸宽度	75m	75m	150m	150m

二、终端区

机场是空中交通网络中的节点，从一个机场到另一个机场之间飞行的航班将各机场联系在一起，形成了空中交通网络。航空器的飞行活动是空中交通管理的主要对象。航空器从始发机场起飞到飞往目的地机场降落，都要经历离场过程、航路飞行、进场过程三个不同阶段，不同的管制区负责不同的飞行阶段。图 1-4 所示为航空器飞行过程图，图 1-5 所示为航空器进离场平面图。为能更好地进行空域管理，更好地提供空中交通服务，将空域划设为不同组成单元，不同单元提供相应的空中交通服务。

空中交通服务是空中交通管理的主要内容，包括空中交通管制服务、飞行情报服务和告警服务。空中交通管制服务的任务是防止航空器与航空器相撞以及在机动区内航空器与障碍物相撞，维护并加速空中交通的有序活动。飞行情报服务的任务是向飞行中的航空器提供有助于安全、高效地实施飞行的建议和情报。告警服务的任务是向有关机构发出需要搜寻与援救航空器的通知，并根据需要协调该机构或者协调该项工作的进行。

确定需要提供空中交通服务后，应当根据所需提供的空中交通服务类型设立相应的空中交通服务区域。空中交通服务区域包括飞行情报区、管制区（包括高空管制区、中低空管制区、终端管制区、进近管制区、机场塔台管制区）航路和航线。

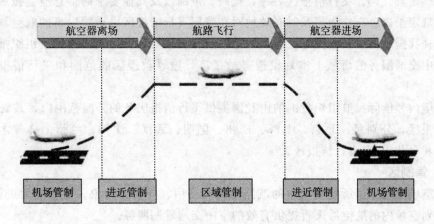

图 1-4　航空器飞行过程图

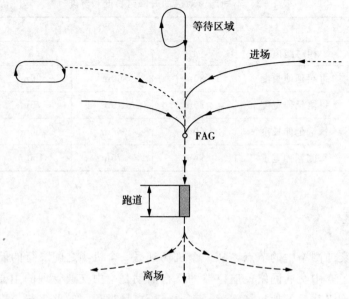

图 1-5　航空器进离场平面图

（一）飞行情报区

飞行情报区（Flight Information Region）：是为提供飞行情报服务和告警服务而划设的空间。飞行情报区内的飞行情报服务工作由该区飞行情报部门承担或由指定的单位负责。这些情报包括机场状态、导航设备的服务能力、机场或航路的气象、高度表拨正值调定、有关危险区域、航空表演以及特殊飞行限制等。

飞行情报区应当包括我国境内上空，以及由国际民航组织亚太地区航行会议协议，并经国际民航组织批准由我国提供空中交通服务的，毗邻我国公海上空的全部空域以及航路结构。公海上空的飞行情报区边界的划定或调整，应按照国际民航组织地区航行会议协议的有关要求进行。飞行情报区应当根据向该飞行情报区提供服务的飞行情报单位或者指定的其他单位的名称进行命名。飞行情报区的名称由民航局通报国际民航组织亚太地区办事处并协调确定其代码。飞行情报区名称、代码、范围以及其他要求的信息应当按照航行情报发布的规定予以公布。为了及时有效地对在我国飞行情报区内遇险失事的航空器进行搜寻救援，在我国境内以及由国际民航组织地区航行会议协议，并经国际民航组织批准由我国提供空中交通服务的海域上空划设搜寻救援区，搜寻救援区的范围和飞行情报的范围相同。

我国境内和国际民航组织批准的由我国提供飞行情报服务的公海范围内，共划分成11个飞行情报区，分别是：北京、上海、广州、昆明、武汉、沈阳、兰州、乌鲁木齐、三亚、香港和台北 11 个飞行情报区。

（二）管制区

管制空域应当根据所划空域内的航路结构和通信、导航、气象、监视能力进行划分，以便对所划空域内的航空器飞行提供有效的空中交通管制服务。

我国在航路、航线地带和民用机场区域设置高空管制区、中低空管制区、终端（进近）管制区和机场塔台管制区。通常情况下，高空管制区、中低空管制区、终端（进近）

管制区和机场塔台管制区内的空域分为 A、B、C、D 四种类型，如图 1-6 所示。

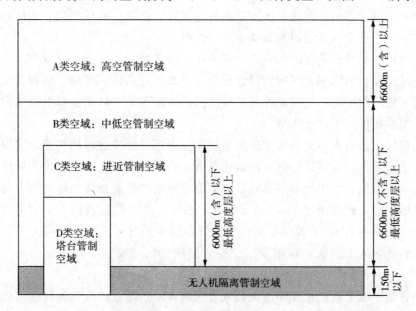

图 1-6 空域垂直划分

A 类空域为高空管制空域。在我国境内 6600m（含）以上的空间，划分为若干个高空管制空域。在此空域内飞行的航空器，必须按照仪表飞行规则飞行，并接受空中交通管制服务。我国共有高空管制区域 27 个。

B 类空域为中低空管制空域。在我国境内 660m（不含）以下最低高度层以上的空间划分为若干个中低空管制空域。我国中低空管制区共计 28 个，其中 27 个由相应的高空管制区兼负。

C 类空域为终端（进近）管制空域。通常设置在一个或几个机场附近的航路汇合处，便于进场和离场飞行的民用航空器飞行。它是中低空管制空域与塔台管制空域之间的连接部分，其垂直范围通常在 6000m（含）以下最低高度层以上；水平范围通常为半径 50km或走廊进出口以内的除机场塔台管制范围以外的空间。我国进近管制区共计 15 个，分别是长春、北京、上海、南京、杭州、福州、广州、汕头、重庆、昆明、温州、厦门、成都、海口、湛江。

D 类空域为塔台管制空域。通常包括起落航线和最后进近定位点之后的航线，以及第一个等待高度层（含）以下地球表面的空间和机场机动区。在此类空域内飞行的航空器可以按照仪表飞行规则飞行，并接受空中交通管制服务。对符合目视气象条件的，经航空器驾驶员申请，并经塔台管制员批准，可以按照目视规则飞行，并接受空中交通管制服务。

高空管制区和中低空管制区统称为区域管制区。区域管制区的范围应当包含按照仪表飞行规则运行的所有航路和航线，以及仪表等待航线区域和空中放油区等特殊飞行区域，但是终端（进近）管制区和机场塔台管制区除外。

高空管制区内提供空中交通服务的空域通常为 A 类空域；在包含其他类型空域的情形下，应当明确其空域类型和范围。中低空管制区内提供空中交通服务的空域通常为 B 类空域；在包含其他类型空域的情景下，应当明确其空域类型和范围。

区域管制区的标志应当由向该区域提供管制服务的空中交通管制单位所在城市的名称加上高空或者中低空管制区组成。区域管制区的名称、范围、责任单位、通信频率以及其他要求的信息应当按照航行情报发布规定予以公布。

区域管制区的水平和垂直范围在符合有关标准的情况下，应当尽量减少对空中交通服务和航路、航线运行的限制。区域管制区的划设，必须与通信、导航、监视和气象等设施的建设和覆盖情况相适应，并考虑管制单位之间的协调需要，以便能够有效地向区域内所有飞行的航空器提供空中交通服务。

确定区域管制区边界，应当考虑航空器绕飞雷雨区等特殊运行的要求，实现管制移交点附近的通信覆盖，以及雷达管制时的雷达覆盖。测距台的位置点可以作为描述区域管制区边界时的重要参照点。用作参照点时，由测距台确定的位置点应当标注该点与测距台之间的距离。标注时，距离使用 km（或 n mile）表示。高空管制区的下限通常高于标准大气压高度 6000m（不含），或者根据空中交通管制服务情况确定，并取某个飞行高度层为其值。高空管制区的上限应当根据空中交通管制服务情况确定，并取某个飞行高度层为其值。

中低空管制区的下限通常在距离地面或者水面 200m 以上，或者为终端（进近）管制区或机场塔台管制区的上限；中低空管制区的下限确定在平均海平面高度 900m 以上的，则应取某个飞行高度层为其值。中低空管制区的上限通常衔接高空管制区的下限；其上方未设高空管制区的，应当根据空中交通管制服务情况确定其上限，并取某个飞行高度层为其值。区域管制区可以根据区域内的空中交通流量、管制员工作负荷以及地空通信的繁忙程度，划设管制扇区。

（三）终端（进近）管制区

机场附近进场和离场航线飞行比较复杂，单个机场或几个邻近机场全年总起降架次超过 36000 架次，应当考虑设立终端或者进近管制区，以便为进场、离场飞行的航空器提供安全、高效的空中交通管制服务。

通常情况下，终端管制区同时为两个或者两个以上机场的进场和离场飞行提供进近管制服务，进近管制区仅为一个机场的进场和离场飞行提供进近管制服务。

终端（进近）管制区应当包含仪表着陆、起飞及必要的等待空域。起始进近阶段的选择与终端（进近）管制区设计应当协调一致，尽量减少对空域的需要。终端（进近）管制区的水平和垂直范围在符合有关标准的情况下，应当尽量减少对空中交通服务和航路、航线运行的限制。

终端（进近）管制区的划设，应当与通信、导航、监视和气象等设施的建设和覆盖情况相适应，并考虑管制单位之间的协调需要，以便能够有效地向区域内所有飞行的航空器提供管制服务。

终端（进近）管制区的设计应当满足飞行程序设计的要求，并兼顾航路或者航线飞行阶段与进近场飞行的衔接。特殊情况下，终端（进近）管制区也可以包含部分飞越的航路、航线，或者将部分进离场航线交由区域管制负责。

测距台的位置可以作为终端（进近）管辖区设计的参照点，测距台的距离值必须在图上予以标注，标注时，距离使用 km（或 n mile）表示。终端（进近）管辖区边界的设置应当尽量避免出现以下情形：管辖区边界划设在航路或者航线的侧向缓冲区内；航路、航线飞行与进离场飞行之间的空间界定模糊，导致巡航航空器与进离场航空器的飞行高度相互穿插；航路、航线短距离穿越某终端（进近）管辖区，导致管制移交频繁；管制区边界设置在航空器爬升或者下降阶段的航路、航线上，导致在爬升或者下降阶段进行管制移交；来自几个管制区的条条航路、航线的汇聚点距离管制区边界较近，增加汇聚点附近管制工作的高度。

终端（进近）管制区的下限通常应当在距离地面或者水面 200m 以上，或者为机场塔台管制区的上限。如果终端（进近）管制区内存在弧半径为 13km 的机场管制地带，则终端（进近）管制区的下限应当在地面或者水面 450m 上。如果终端（进近）管制区的下限确定在平均海平面高度 900m 以上，则应当取某个飞行高度层为其值。终端（进近）管制区的上限通常不超过标准大气压高度 6000m，并应当取某个飞行高度层为其值。

终端（进近）管制区的外围边界呈阶梯状，确定其外围边界应当考虑终端（进近）管制区内的最小爬升梯度、机场标高；机场管制地带的半径、管理区阶梯状外围边界是否与机场周围空域和地理环境相适应并符合有关的安全标准。

终端（进近）管制区阶梯状外围边界应当按照下列规定确定：

（1）机场管制地带外围边界至外侧 20km，若管制地带半径为 10km，则阶梯最低高为 300m；若管制地带半径为 13km，则阶梯最低高为 450m。

（2）机场管制地带外围边界向外 20～30km，阶梯最低高为 750m。

（3）机场管制地带外围边界向外 30～40km，阶梯最低高为 1050m。

（4）机场管理地带外围边界向外 40～60km，阶梯最低高为 1350m。

（5）机场管制地带外围边界向外 60～120km，阶梯最低高为 2250m。

（6）机场管制地带外围边界向外 120～180km，阶梯最低高为 3900m。

（7）机场管制地带外围边界向外 180～240km，阶梯最低高为 5100m。

上述阶梯最低高的参照面为机场跑道。当阶梯最低高加上机场标高超过机场过渡高度时，应当将其转换为相应的标准大气压高度。对外公布时，还应当根据机场过渡高或者过渡高度和过渡高度层的设置，将有关高度数据转换为相应的气压面高度。

终端（进近）管制区根据区域内的空中交通管制流量、管制员工作负荷以及地空通信繁忙程度，划设管制扇区。

终端（进近）管制区内提供空中交通管制服务的空域通常为 C 类空域，包含其他类型空域的，应当明确其空域类型和范围。

（四）机场管制地带和塔台管制区

（1）民用机场应当根据机场及其附近空中飞行活动的情况建立机场管制地带，以便在机场附近空域内建立安全、顺畅的空中交通秩序。一个机场管制地带可以包括一个机场，也可以包括两个或者两个以上位置紧靠的机场。

（2）机场管制地带应当包括所有不在管制区内的仪表进离场航线，并考虑机场能够运行所有类型航空器的不同性能要求。划设机场管制地带，不得影响不在机场管制地带内附近机场的飞行活动。

（3）机场管制地带通常是圆形或者椭圆形的，但是如果只有一条跑道或者是为了方便

目视推测领航利用显著地标来描述机场管制地带的，也可以是多边形的。

（4）划设机场管制地带，通常应当选择机场基准点作为管制地带的基准点。在导航设施距离机场基准点小于1km时，也可以以该导航设施的位置点作为管制地带的基准点。

（5）机场管制地带的水平边界通常按照下列办法确定：

① 对于可供D类和D类以上航空器使用的机场，如果为单跑道机场，则机场管制地带为以跑道两端入口为圆心、以13km为半径的弧和与两条弧线相切的跑道的平行线围成的区域；如果为多条跑道机场，则机场管制地带为以所有跑道的两端入口为圆心、以13km为半径的弧及相邻弧线之间的切线围成的区域。该区域应当包含以机场管制地带基准点为圆心、半径为13km的圆。如果因此使得以跑道入口为圆心的弧的半径大于13km，则应当向上取值为0.5km的最小整倍数。

② 对于仅供C类和C类以下航空器使用的机场，其机场管制地带水平边界的确定方法与上述相同。但是，此处以跑道两端入口为圆心的弧的半径以及应当包含的以机场管制地带基准点为圆心的圆的半径应当为10km。

③ 对于仅供B类和B类以下的航空器使用的机场，其机场管制地带的水平边界是以机场管制地带基准点为圆心、以10km为半径的圆。

④ 对于需要建立特殊进近运行程序的机场，其机场管制地带的水平边界可以根据需要适当放宽。

（6）机场管制地带的下限应当为地面或者水面，上限通常为终端（进近）管制区或区域管制区的下限。如果机场管制地带的上限需要高于终端（进近）管制区或区域管制区的下限，或者机场管制地带位于终端（进近）管制区或者区域管制区的水平范围以外，则机场管制地带的上限应当取某个飞行高度层为其值。

（7）机场管制地带提供空中交通管制服务的空域应当设置为D类空域。

（8）机场管制地带通常应当使用机场名称加上机场管制地带命名。机场管制地带的名称、范围、空域类型以及其他要求的信息，应当按照航行情报发布规定予以公布。

（9）为保护机场附近空中交通的安全，在机场净空保护区域以外、机场管制地道边界内施放无人驾驶自由气球，施放气球的单位或个人应当征得机场空中交通管制单位的同意。

（10）设立管制塔台的机场应当划设机场塔台的管制区。机场塔台管制区应当包含机场管制地带，如果机场在终端（进近）管制区的水平范围内，则机场塔台管制区的范围通常与机场管制地带的范围一致。机场塔台管制区的范围与机场管制地带的范围不一致，应当明确机场管制地带以外空域的类型。

（11）机场塔台管制区通常应当使用机场名称加上塔台管制区命名。机场塔台管制区的名称、范围、责任单位、通信频率、空域类型以及其他要求的信息，应当按照航行情报发布规定予以公布。

（五）终端区内的飞行

在终端区内，对于实施进近飞行的航空器，在进入终端区区域前，航空器必须把速度和高度调整到规定的范围内，从各个管制单位之间指定的移交点进入终端区区域。在终端区区域范围内，航空器按照事先规定的进场航线（标准仪表进近程序）飞向起始进近点开始进近飞行。起始进近点主要用于理顺航路与机场运行路线之间的关系，提高运行效益，维护空中交通秩序，保证空中交通顺畅，一般在飞行流量较大的机场设置这一航段。航空器从起始进近点开始，按照一定的减速程序减小速度并降低航空器的高度，直至按照规定的高度到达最后进近点，同时继续将航空器速度调整到规定的范围并开始最后进近飞行。在最后进近飞行阶段，航空器按照常规飞行程序降落在跑道上，在最后进近飞行阶段除非航空器放弃进近着陆，管制员通常不允许改变航空器的速度、高度或者做一些机动飞行。假如航空器进近着陆失败，它需要按照事先规定的复飞程序进行复飞。

具体来讲，终端区的进近飞行大致可以分为以下五个阶段：

1. 进场航段

指航空器从进入终端区区域后到到达起始进近点之前的飞行过程，这一飞行过程有如下几个特点：

（1）航空器根据管制人员的指令，可以使用终端区区域内可以使用的任意一个高度层，但是应尽量避免飞行高度的忽高忽低，尽量保证航空器飞行高度改变的连续性。

（2）在同一航迹上，位于不同飞行高度层的航空器之间可以相互超越。

（3）位于不同高度层上的航空器在到达起始进近点时必须将高度调整到规定的起始进近高度，与此同时还要进行调速并在到达起始进近定位点时达到规定的起始进近速度。如果航空器在这以前的航段上使用的是垂直间隔而非水平间隔，那么在航空器到达起始进近点前必须对它们进行排序，拉开航空器之间的水平间隔以保证安全。

2. 起始进近阶段

指从起始进近点到中间定位点或最后进近定位点之间的飞行过程，它主要用于航空器下降高度并通过一定的机动飞行完成对准中间或最后进近航段。在仪表进近程序中，起始进近具有很大的机动性，一个仪表进近程序可以建立一个以上的起始进近程序，但是其数量应按空中交通流向或其他航行要求加以限制。当中间进近定位点同时是航路点时，就没有必要规定起始进近航段，仪表进近程序就从中间进近定位点开始并使用中间航段的准则。

这一阶段的飞行主要有如下几个特点：

（1）航空器按照管制员的指令和规定的进近程序下降高度并且做一些必要的机动飞行，以便在规定的高度上切入五边进近航段。

（2）在此阶段内，航空器之间的间隔一般不通过各个高度层来配置，即假设所有航空终端区内的飞行过程在终端区内，对于实施进近飞行的航空器，在进入终端区区域前，航空器必须把速度和高度调整到规定的范围内，从各个管制单位之间指定的移交点进入终端区区域。在终端区区域范围内，航空器按照事先规定的进场航线（标准仪表进近程序）飞向起始进近均只有一个高度层可以使用。

（3）调整航空器的飞行姿态，降低高度和速度到规定的数值。

（4）如果不同的进场航线之间有交叉的情况，则需要在该阶段调整航空器间的水平间隔，以避免交叉点处发生冲突。

3. 中间进近阶段

指从中间定位点到最后进近定位点之间的航段。在这一阶段，航空器飞行的主要特点包括：

（1）航空器在该阶段对形态和速度进行调整，并使其稳定飞行在航向道上，以便进入最后进近航段。

（2）在该阶段，航空器一般不下降高度，速度方面也仅仅做微小的调整。

4. 最后进近阶段

指从最后进近定位点开始一直到航空器下降着陆，其仪表飞行部分是从最后进近定位点开始，至复飞点为止。其目视飞行部分可以向跑道做直线进入着陆，或向机场做目视盘旋进近。

该阶段飞行过程的主要特点是：

（1）航空器不论机型，都要按照规定的起始进近速度和高度进场着陆。

（2）着陆的航空器之间不论高度，必须保持规定的尾流间隔和雷达间隔。

（3）假如航空器着陆失败，需要按照复飞程序进行复飞。

5. 终端区内的离场飞行

与航空器的进场飞行相比，航空器在终端区内的离场飞行则显得相对简单。在航空器得到管制员起飞许可的指令后，航空器从机场起飞并一直上升高度，当航空器上升到一个特定的高度并且在雷达屏幕上被识别后，管制员通常会向航空器发出进一步的指令，以便航空器在管制员的指挥下安全离场。当航空器到达管制区间的管制移交点时，管制员会按照管制单位之间的协议进行移交，然后，航空器通常按照移交高度过交接点，进入相邻的管制区。

第二节　航空器起飞阶段

飞机的起飞过程包括起飞段和起飞爬升段。起飞段是从跑道端滑跑开始，到离地35ft，完成起飞阶段。包括了正常起飞、一发失效继续起飞和一发失效中断起飞三种情况。起飞爬升段是从高度35ft开始，到起飞全过程完成，即爬升到离地面高度不低于450m（图1-7）。

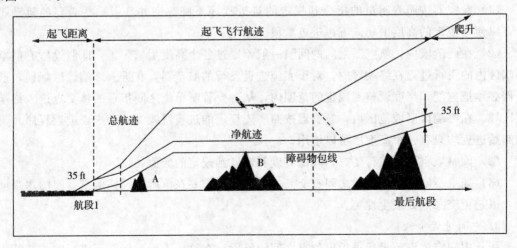

图1-7　飞机起飞爬升过程

一、起飞段

飞机在起飞过程中有可能发生一台（或数台）发动机突然停车。因此，飞机的起飞可能遇到三种基本情况：全部发动机工作正常起飞；一台发动机失效继续起飞；一台发动机失效中断起飞。此外，也可能发生全部发动机正常工作而中断起飞的情况。

（一）全部发动机工作正常起飞

如图1-8所示，在这种情况下，飞机在跑道的起始端，发动机加速到起飞状态，松开刹车并开始加速滑跑，当飞机滑跑速度达到抬前轮速度V_R时，驾驶员利用了升降舵将机头上仰，前轮抬起离地；当速度达到离地速度V_{LO}时，飞机的升力足够举起飞机的重量，飞机离地；飞机紧接着拉起爬升，当达到起飞安全速度V_2与起飞安全高度10.7m（或35ft）时，完成起飞阶段。此时所经过的水平距离为起飞距离。FAR规定的起飞距离为该距离再加上15%的裕量。

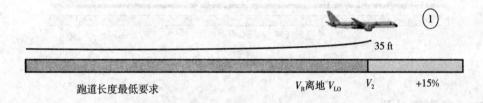

图1-8 全部发动机工作正常起飞

（二）一发失效继续起飞

如图1-9所示，飞机松开刹车加速滑跑，在某一速度V_{EF}时一台发动机失效停车，但飞机仍然继续加速，经0~3s（按FAR规定为2s），驾驶员意识到有发动机失效，此时，如飞机的滑跑速度已超过决断速度V_1，则别无选择，只能继续起飞。于是，在达到V_R时抬前轮，在V_{LO}时离地，并紧接着拉起爬升到起飞安全速度与高度，此时所经过的全部水平距离为FAR规定的继续起飞距离。若失效发动机未能及时排除故障则在完成起飞后，加入进港机队，尽快降落，以便检查、排除发动机故障。

（三）一发失效中断起飞

如图1-9所示，飞机松开刹车加速滑跑，在某一速度V_{EF}时，一台发动机失效停车，

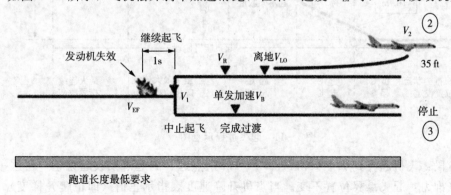

图1-9 起飞过程一发失效情况

在飞机滑跑速度仍然低于决断速度 V_1 的情况下，驾驶员一般应采取中断起飞措施，即采用刹车、收油门以及打开扰流板等手段，使飞机尽快降低速度。当完成上述全部措施时，飞机的滑跑速度为 V_B，飞机由原来的加速滑跑变为减速滑跑，直到最后完全停止。整个中断起飞过程的全部滑跑距离为 FAR 规定的中断起飞距离。

（四）全部发动机正常工作中断起飞

在某些特殊情况下，虽然全部发动机均正常工作，但是飞机仍会被要求中止起飞，这也必须是在滑跑速度低于决断速度 V_1 的条件下，才可以采取中断起飞的措施，见图 1-10。对中断起飞的减速过程有严格的要求，一般首先进行试飞验证，在此基础上制定比试飞验证较为宽松一点的标准。从发动机失效时刻到驾驶员意识到发动机有问题的时间间隔，取决于驾驶员的技术水平与发动机的安装位置。发动机远离飞机的纵向轴线，则发动机停车引起的偏航阻力较大，驾驶员能迅速感觉到问题的发生。

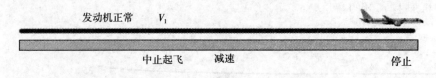

图 1-10 起飞过程全部发动机正常中断起飞

二、起飞爬升段

起飞爬升段，即起飞飞行航迹，指飞机从起飞终点（$H=35\text{ft}$ 或 $H=10.7\text{m}$，$V \geqslant 1.2V_s$）到起飞飞行航迹的终点（$H \geqslant 1500\text{ft}$ 或 $H \geqslant 450\text{m}$，$V \geqslant 1.25V_s$）的起飞过程，如图 1-11 所示，由四个阶段组成。

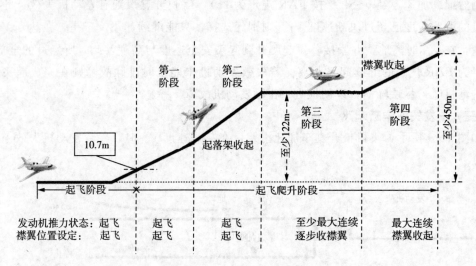

图 1-11 起飞过程示意图

第一阶段：飞机起飞到 $H=10.7\text{m}$，$V_2=1.2V_s$ 点起，到起落架收起为止，在这一阶段使用起飞推力，起飞襟翼位置不变。当飞机升降速度表指示正值（即正爬升梯度）时，开始收上起落架。此时，飞机已基本飞出机场边界。

第二阶段：这一阶段为等表速爬升阶段，主要是爬高以保证飞行安全。此时，起落架已完全收上，仍然使用起飞推力，起飞襟翼位置不变，保持表速 V_2 不变。按照 FAR 规定的爬升梯度要求，爬升到总航迹高度 $H \geqslant 122\text{m}$（或 400ft）止。

第三阶段：这一阶段主要是收襟翼、平飞加速。继续使用起飞推力，或使用最大连续推力。随着速度的增加，逐渐收上襟翼，直到速度达到爬升速度 $V_c \geqslant 1.25V_s$。

第四阶段：起飞飞行的最后爬升阶段。使用最大连续推力，此时，起落架和襟翼均在收上位置。保持等表速，$V \geqslant 1.25V_s$，爬升到离地面高度不低于 450m（或 1500ft），最小爬升梯度应符合 FAR 的规定。

第三节　航空器进近与着陆

一、进近程序的一般知识

仪表进近程序是航空器根据飞行仪表并对障碍物保持规定的超障余度所进行的一系列预定的机动飞行。这种飞行程序是从规定的机场航路或起始进近定位点开始，到能够完成目视着陆的一点位置，并且包括失误进近的复飞程序。

（一）传统五边进近方式

传统的进近方式是使用五边进近方式来降低高度，减小速度，进入最后进近阶段，而后进入跑道头开始着陆。飞机在到达目的地之前，已从巡航高度下降。按照传统的五边进场着陆方式，如图 1-12、图 1-13 所示，当高度达到约 450m（或 1500ft）时，飞机由下降构形转变为着陆构形，即襟翼偏度逐步增大，起落架放下，速度逐步下降。在进入三边，即初始进近时，襟翼位置由 1 改为 5，速度由 350km/h（190 节）降低到 315km/h（170 节），并逐步降低到 278km/h（150 节）。此时，襟翼进一步偏置到 15°，并放下起落架。在转入四边时，高度进一步下降，襟翼偏度为 25°，速度为 260km/h（140 节）。转入五边，即最后进近，襟翼位于着陆位置，即 30°或 40°，速度降低到 $V = V_{ref} + 0.5V_w + V_{阵风}$，高度为 150～210m（或 500～700ft），飞机离跑道门槛约 2km。最后以下滑角 30°进场（最后进近），在接地前拉平。当飞机接地后，打开减速板，使用刹车，发动机打开反推，减速后转入滑行道至停机坪。当进场失误时，应复飞。

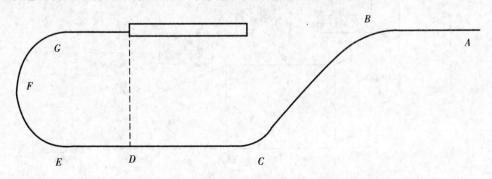

图 1-12　传统五边进近平面图

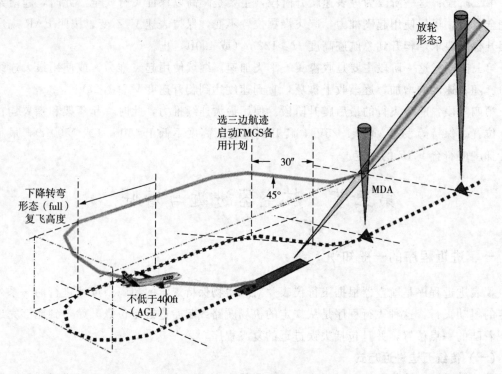

图 1-13　传统五边进近立体图

（二）仪表进近方式

目前，采用仪表着陆系统的进近过程是从初始进近点开始，再转到中间进近定位点。进入进近阶段，其高度多选择为 550~900m，通过使用精密进近系统，在航向台和下滑台的引导下，对准跑道中心线，以正确的下滑角在跑道的着陆区平稳接地。

一个仪表进近程序，不论是精密进近还是非精密进近，通常都是有五个航段组成：进场航段、起始进近航段、中间进近航段、最后进近航段及复飞航段，如图 1-14 所示。

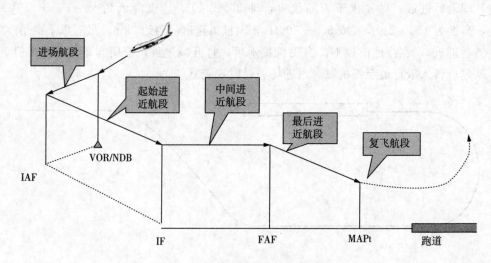

图 1-14　仪表进近程序航段构成

进场航段（线）：航空器从航线飞行阶段飞至起始进近定位点（Initial Approach Fix，IAF）的航段。一般在空中交通流量较大的机场设置这一航段，主要用于理顺航路与机场运行路线之间的关系，提高运行效益，维护空中交通秩序，保证空中交通流畅。

起始进近航段：该航段从起始进近定位点（IAF）开始，至中间进近定位点（IF）终止。主要用于航空器下降高度，并通过一定的机动完成对准中间或最后进近航段。在仪表进近程序中，起始进近具有很大的机动性，一个仪表进近程序可以建立多个起始进近段，但其数量应按照空中交通流向或其他航行要求加以限制。当中间进近定位点同时是航路点时，就没有必要规定起始进近航段，仪表进近程序就从中间进近定位点开始，并使用中间航段的准则。需要 NDB 或 VOR 提供航迹引导，最佳下降梯度为 4%。

中间进近航段：从 IF 至最后进近定位点/最后进近点（FAF/FAP，Final Approach Fix/Point）之间的航段。它是起始进近与最后进近的过渡航段，主要用于调整飞机构型、速度和位置，并少量下降高度，完成对准最后进近航迹，进入最后进近。航迹方向应与最后进近航迹一致，最佳长度为 10 n mile。

最后进近航段：最后进近航段是完成对准着陆航迹和下降着陆的航段，其仪表飞行阶段是从 FAF 开始（ILS 进近从 FAP 开始），至复飞点（Missed Approach Point，MAPt）为止。其目视飞行部分可以向跑道做直线进近着陆，或向机场做目视盘旋进近。航迹方向应对准跑道中线，最佳长度为 5 n mile，最佳下降梯度为 5.2%。

复飞阶段：从复飞点（MAPt）开始，到航空器爬升到可以做另一次进近，或回到指定的等待航线，或重新开始航线飞行的高度为止。当判断不能确保航空器安全着陆时，复飞是保证安全的必要手段，因此，每一个仪表进近程序都应规定一个复飞程序。当飞机进近至复飞点上空仍不能建立目视时，必须立即复飞。复飞面的标准上升梯度为 2.5%。

合肥新桥国际机场的仪表进近图，包含了起始进近阶段、中间进近阶段、最后进近阶段和复飞阶段。

二、进近类别

跑道运行最低标准是一条跑道可用于飞机起飞和着陆的运行限制。对于起飞，用能见度 VIS 或跑道视程 RVR 表示，在需要时，还应包括云高。而对于着陆，则要根据跑道运行类别不同，使用不同的标准。

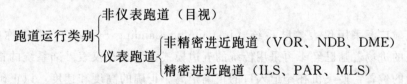

非仪表跑道的着陆标志按照中国民航的规定，巡航表速在 251km/h 以上的航空器，只准在起落航向或空管规定的空域内，按目视飞行的规定飞行。其目视气象条件是，飞行能见度不小于 5km，航空器距云的水平距离不小于 1000m，距云底的垂直高度不小于 150m。目视飞行时，机长对保持航空器之间的间隔、距离和飞机距地面障碍物的安全高度负责。

仪表进近是指飞机根据飞行仪表和对障碍物保持规定的超障余度所进行的一系列预定的机动飞行。这种机动飞行从起始进近定位点或从规定的进场航路开始,直至能够完成着陆为止。如果不能完成着陆,则飞至使用等待或航路飞行的超障准则的位置。根据仪表进近程序最后航段所使用的导航设备及精密仪表进近程序分为两类:一类是所使用的设备在最后航段既能提供方位信息又能提供下滑道信息的称为精密进近程序。精密进近程序的精度较高,如仪表着陆系统(ILS)、微波着陆系统(MLS)和精密进近雷达(PAR)。另一类是所使用的设备在最后航段只提供方位信息,不提供下滑道信息的称为非精密进近程序。非精密进近程序,精度较低,如使用甚高频全向信标台(VOR)、无方向性无线电信标台(NDB)和航向台(LIZ)(仪表着陆系统下滑台不工作)等地面导航设施等。

(一)非精密进近程序

非精密进近——使用甚高频全向信标台、无方向性无线电信标台或航向台(仪表着陆系统下滑台不工作)等地面导航设施,只提供方位引导,不提供下滑引导的进近。它的作用是为飞机从仪表进近转入目视进近创造正常的航迹、高度、速度、形态等条件,确保飞机安全着陆。跑道建立了非精密进近程序,即利用 VOR、NDB、VOR/DME 提供航迹引导,通过 IAF、IF、FAF、MAPT 指引飞机进近或者复飞。

最低下降高度(MDA)/高(MDH)——非精密进近或盘旋进近规定的高度或高。如果没有取得所需目视参考,必须开始复飞,不得下降至这个高度/高以下。

(二)精密进近程序

精密进近程序是指利用那些导航精度高,既能提供方位信号又能提供下滑道信号的导航设备设计的仪表进近程序。目前能够作为精密进近程序的导航设备有仪表着陆系统、微波着陆系统、精密进近雷达以及由全球导航卫星系统提供垂直引导的进近。目前我国主要使用的精密进近导航设备是仪表着陆系统。

任何精密进近,包括仪表着陆系统、微波着陆系统和精密进近雷达,其决断高在 60m 或以上,最低能见度在 800m 或 RVR 在 550m 以上的都属于Ⅰ类精密进近。Ⅰ类精密进近的最低标准包括决断高度/高、跑道视程或者能见度。在装有 RVR 的跑道,精密进近最低标准用决断高度/高、跑道视程表示。

决断高度(DA)或决断高(DH):在精密进近中规定的一个高度或高,在这个高度或高,如果不能建立为继续进近所需的目视参考,必须开始复飞,不得下降至这个高度/高以下。

现代民航广泛采用仪表着陆系统(Instrument Landing System),即俗称的"盲降"系统。飞机的进场着陆已经不再采用传统的五边模式,而是在仪表着陆系统的指引下,找正机场跑道的位置,使飞机在跑道入口的正确距离、正确的高度和速度,以正确的下滑角度对准跑道中心线,在跑道的着陆区平稳地接地。图 1-15 为仪表着陆系统的地面设施。跑道建立了Ⅰ、Ⅱ、Ⅲ类 ILS 精密进近程序,采用了近台、远台、内指点标、中指点标、外指点标和侧方归航台(NDB、VOR、VOR/DME)的布局方式。

仪表着陆系统的地面设备由航向台(LLZ)、下滑台(GP)、指点标和灯光系统组成。

(1)航向台的天线安装在跑道末端的中心延长线上,一般距跑道末端 400~500m。

图 1-15 仪表着陆系统地面设施

（2）下滑台的天线安装在跑道入口内的一侧，一般距入口 250m 左右，与跑道中心线的横向距离为 150m 左右。

（3）指点标：内指点标台（IM）要求安装在Ⅱ类精密进近的最低决断高 30m 与标称下滑道的交点处，距入口 75～450m。中指点标台（MM）位于距跑道入口约 1050m。外指点标台（OM）距入口约 7.2km。

图 1-16 为仪表着陆系统的工作原理图。在跑道的飞机着陆接地区附近设置下滑道发射器（GS Transmitter），发射器发出上、下偏置的两束不同载频波束，两束波相交的中

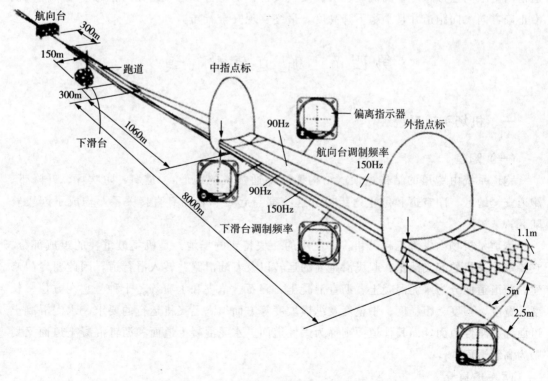

图 1-16 仪表着陆系统的工作原理图

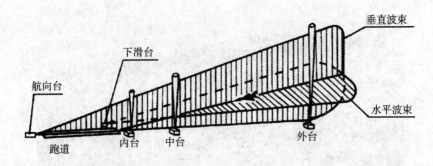

图 1-17 仪表着陆系统无限电信号指引

心线代表了飞机到达跑道接地区的正确的下滑道（下滑角一般为 2.5°~3°），当飞机的机载仪表着陆系统接收到机场的下滑道信号，即找到上、下两波束相交的中心面，便沿此下滑道进场降落。与此同时，如图 1-17，在机场的跑道尽头设有定位发射器，发射左右偏置的两束不同载频波束，两波束相交的中心代表了跑道中心线。飞机的机载仪表着陆系统接收此信号，找到两波束相交的中心面，便根据该信号的引导，修正其位置与航向，保证飞机沿着跑道中心线的延长线和捕获的下滑道降落到跑道的接地区域。当机场存在侧风的情况，机头的方位角应做必要的修正，以免飞机在进场着陆过程中被侧风吹得偏离跑道中心线。

ILS 的作用是由地面发射的两束无线电信号实现航向道和下滑道指引，建立一条由跑道指向空中的虚拟路径，飞机通过机载接收设备，确定自身与该路径的相对位置，使飞机沿正确方向飞向跑道并且平稳下降高度，最终实现安全着陆。

第四节　跑道与滑行道

一、机场跑道系统

（一）跑道

跑道系统由跑道的结构道面（结构道面即通常说的跑道）、道肩、防吹坪、升降带、跑道安全地区、净空道和停止道组成。这些都与起飞和着陆有直接关系，构成了起飞着陆区。

跑道是机场内供飞机起飞和着陆使用的一块特定的场地，是机场最重要的组成部分。它要承受飞机的起飞滑跑、起飞滑跑前的运转以及着陆滑跑并转入滑行道，因此要专门修建。跑道道面分为水泥混凝土、沥青混凝土、碎石、草皮和土质等若干种。它在方位、长度、宽度、强度、粗糙度、平整度及纵横坡度等方面须满足飞机运行的要求。水泥混凝土道面称为刚性道面，而其他道面则称为柔性道面。水泥混凝土道面和沥青混凝土道面又划归为高级道面。

1. 跑道构型

机场跑道的数量主要取决于机场的容量需求（年起降架次）、机型组合、跑道运行类别、运行方式、气象条件和周围环境等诸多因素。在机场规划中，我们通常将跑道的平面布局（数量和几何关系）称为机场的跑道构型。常见的机场跑道构型主要有七种，即单条跑道、两条平行跑道、两条不平行或交叉跑道、多条平行跑道、多条平行及不平行或交叉跑道。

单条跑道——即一个机场只有一条跑道，这是我国大部分机场的运行模式，如图 1-18A 型。

平行跑道——一个机场有两条或多条跑道，跑道中线相平行。包括近距平行跑道（中线间距小于 2500ft），如图 1-18B 型；中距平行跑道（中线间距为 2500~4300ft）；远距平行跑道（中线间距大于 4300ft），如图 1-18C 型。

开放式 V 形跑道——两条交叉跑道的中线在各自的接地带以外相交，如图 1-18F 型。

交叉跑道——两条或多条跑道在自身长度内交叉，如图 1-18D 型。

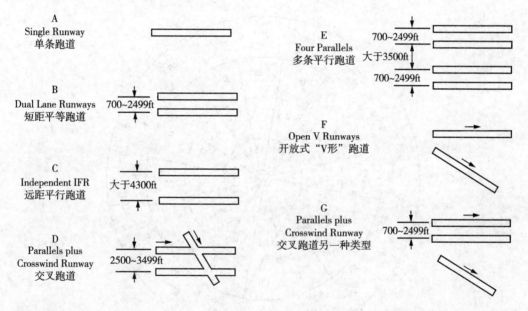

图 1-18　跑道构型

2. 机场跑道方位

机场跑道方位应根据有利于保障航空安全、提高跑道利用率和减少环境噪声影响等原则进行确定。其中，提高航空安全水平和跑道利用率一般主要是考虑风对飞行的影响。风对飞机起飞，尤其是对着陆的安全影响很大。飞机不宜顺风着陆，顺风着陆会增加滑跑距离，减小下降率。顺风时，当风速超过规定值时，飞机就有可能冲出跑道或撞击障碍物。也不宜在大侧风条件下着陆，在有侧风或侧风很大时，飞机的起飞和着陆就会变得复杂。当飞机在侧风中起降时，飞机除向前运动外，还会顺着侧风方向移动，如不及时修正方向就会偏离跑道。因此，飞机最好是逆风起飞着陆，在逆风条件下起飞着陆，保持同样空速则地速较小，起飞着陆性能好，而且能获得较大的升力和阻力，从而缩短飞机的起飞滑跑距离和增加上升角度。

通常使用机场利用率的概念来表示风对机场跑道使用的影响，机场利用率指在风的影

响下机场能够保障飞机起飞着陆的可能性，以百分率表示。某机场利用率为95%，表示在风的影响下，平均一年能够保证飞机起飞着陆的天数为365×95%＝346.75天。所以，确定跑道方位时，应尽量把跑道设在机场利用率最大的方向上，以使得一年能起飞着陆的天数最多。根据规定，机场利用率应不低于95%；当小于95%时，应考虑设置次要跑道，以保证机场的利用率。

设计跑道时应根据短期内机场当地的气象预报情况，粗略地分析机场范围内的风向。根据风力风向数据，分析各个方向上的风力负荷，进而绘出风徽图（图1-22），以确定跑道的方位。将各个风速范围内的风的百分数标在以风的方向和大小以及坐标的风徽图上的扇形分隔内，将三条等距平行线以风徽图的中心为旋转中心进行旋转，转动三条平行线直至两侧的百分数总和最大为止，最佳跑道方向即为图中三条等距平行线中间一条指示的方位，所得最终风徽图。

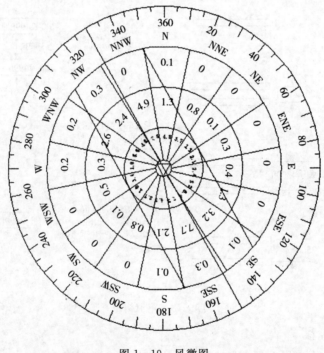

图1-19　风徽图

由图1-19可知，跑道方位定在150°～330°的跑道，在侧风分量不超过15英里/小时下，将允许有95%的时间可以飞行。

跑道方位一般以跑道磁方向角度表示，由北顺时针转动为正。

跑道方位识别号码（即跑道识别标志），由两位数字组成。将跑道着陆方向的磁方位指除以10，而后四舍五入，即得到这个两位数；同时将该数字置于跑道相反的一端，作为飞行人员和调度人员确定起降方向的标记。如天津滨海国际机场的跑道磁方向角为160°～340°，则南端识别码为34，北端识别码为16；桂林两江国际机场的跑道磁方向角为6°～186°，则南端识别号码为01，北端识别号码为19。

若同一方向有两条或更多条平行跑道，则在每个识别标志数字后面（或下面）必须增加一个字母，所加字母为从进近方向看去自左至右的顺序。

如两条跑道则为"L""R"；

如三条跑道则为"L""C""R"；

如四条跑道则为"L""R""L""R"；

如五条跑道则为"L""C""R""L""R"或"L""R""L""C""R"。

北京首都国际机场的两条平行跑道，东跑道北端识别标志为18L，南端为36R；而西跑道北端识别标志位18R，南端为36L（图1-20）。

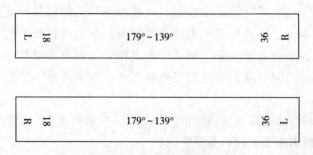

图1-20 跑道方位示意图

当有四条或更多平行跑道时，一组相邻跑道的识别号码可用上述方法获得，另外一组相邻跑道的识别号码则以次一对最接近的数字表示。如四条跑道磁方向角均为93°～273°，其中一组跑道识别标志号码为09-27，而另一组则为10-28。

由于地球的真北极和磁北极并不在同一处，而用罗盘测得的方位是磁方位，所以与真方位有差异，其差异值为磁差角（或磁偏角）。磁差角在地球各点不同。

繁忙机场设有多条跑道时，按其所起作用，可以划分为四种。

（1）主要跑道（主跑道）。在条件许可时，比其他跑道优先使用的跑道。主要跑道的长度应足以满足准备使用该跑道的最大型飞机运行要求，即长度较长，强度较高。

（2）次要跑道。它的长度可以短些，强度也较低，即可以供较小型飞机起降使用。次要跑道的长度应采用类似于确定主要跑道长度的方法确定。

（3）辅助跑道。又称侧风跑道，当飞机因强侧风影响，无法在主要跑道上起降时，可以在辅助跑道上起降。因其逆风分量很大，它们的长度可以比主要跑道短得多。

（4）起飞跑道。仅供飞机起飞所用的跑道。起飞跑道的净空要求可以低些，因不用作着陆。

为了确定机场的位置，必须设置一个机场位置点。用主要跑道中线中点作为机场的位置点，以经纬度表示，精确到秒。

3. 跑道参数

指跑道的长度、宽度和坡度。跑道的长度取决于所能允许使用的最大飞机的起降距离、海拔高度及温度。海拔高度高，空气稀薄，地面温度高，发动机功率下降，因而都需要加长跑道。跑道的宽度取决于飞机的翼展和主起落架的轮距，一般不超过60m。一般来说，跑道是没有纵向坡度的，但在有些情况下可以有3°以下的坡度，在使用有坡度的跑道时，要考虑对性能的影响。

4. 跑道长度影响因素

飞机起降性能对跑道长度的要求是最重要的，在此不多述。以下简述其他因素对跑道长度的影响。

一是飞机质量对跑道长度的影响。随着飞机起飞质量的增加和飞机离地速度的增加，使得跑道长度增加。而随着着陆质量的增加和着陆接地速度的增加，也会使着陆距离加长。

飞机质量由基本质量以及商务载重、航程燃油和备用燃油构成。基本质量通常包括：①空机质量；②机组质量、机组行李、机油和可移去的应急设备质量；③不能使用的燃油质量。除基本质量以外的三项质量是可变的。当飞机在目的地着陆时，飞机着陆质量仅为基本质量、商务载重与备用燃油质量之和。飞机着陆质量不能超过飞机最大结构着陆质量。起飞质量为着陆质量与航程燃油之和，这个质量不能超过飞机的最大结构起飞质量。

二是大气条件和海拔高度对跑道长度的影响。大气条件是空气温度、密度和压力的组合，它对飞机起降所需跑道长度有重要影响。

三是道面状态对跑道长度的影响。道面状态较差时会影响航空器的起降，跑道长度会因此受限。

5. 跑道公布距离

当不设置净空道和停止道时，可用前述方法确定并修正跑道长度，最后选取最大值作为跑道的长度。

如设置停止道和（或）净空道，实际跑道长度可以缩短。但是否设置停止道和净空道还要考虑跑道端以外地区的各种状况。所设置的停止道、净空道与跑道的组合必须满足飞机起降的要求。

通常跑道入口位于跑道端头，但如果障碍物突出于进近净空面，为保证着陆安全，则需要将跑道入口内移，甚至永久内移。

当跑道设置了停止道和（或）净空道以后，或由于各种原因跑道入口内移时，必须在跑道的每个方向公布适用于飞机起降的各种可用距离，即跑道的"公布距离"（图1-21），以便使用该机场的飞机据此正确地进行起飞和着陆。

公布距离包括以下四个：

（1）可用起飞滑跑距离（TORA），适用于飞机起飞时做地面滑跑使用的跑道长度；

（2）可用起飞距离（TODA），即可用起飞滑跑距离（TORA）加上所设置的净空道长度；

（3）可用加速—停止距离（ASDA），即可用起飞滑跑距离（TORA）加上所设置的停止道长度；

（4）可用着陆距离（LDA），即适用于飞机着陆时做地面滑跑使用的跑道长度。

当跑道不设置停止道及净空道，而跑道入口又无内移时，以上四个公布距离应相等，如图1-21（a）。图1-21跑道的公布距离设置净空道时，可用起飞距离应包括净空道长度，见图1-21（b）。设置停止道时，可用加速-停止距离应包括停止道长度，见图1-21（c）。由于周围净空条件受限，停止道无法用作净空道，因此可用起飞距离与可用起飞滑跑距离相等。当跑道入口永久内移时，可用着陆距离应去掉跑道入口内移长度，见图 1-21 (d)。当停止道和净空道同时设置，且跑道入口内移时，四个可用距离如图 1-21 (e) 所示。如图 1-22 是跑道公布距离案例，可以更好地理解这四种公布距离之间的关系。

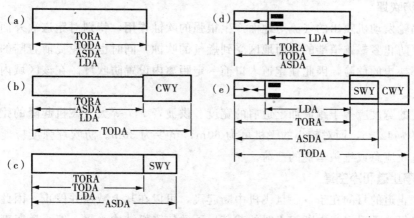

图 1-21　跑道公布距离示意图

注：所示的全部公布距离均为从左至右运行。

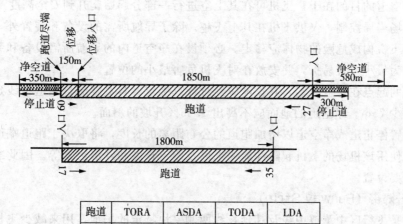

跑道	TORA	ASDA	TODA	LDA
	m	m	m	m
09	2000	2300	2580	1850
27	2000	2350	2350	2000
17	NU	NU	NU	1800
35	1800	1800	NU	NU

图 1-22　跑道公布距离案例

（二）跑道道肩

对于代字为 D 和 E 的跑道，当道面宽度不足 60m 时，应在紧靠跑道两侧对称地设置道肩，使跑道及其道肩的总宽度不小于 60m。设置道肩的目的在于，其对道面边缘起保护作用，而且坚实、平整的道肩还可以增加道面的有效宽度，改善道面边缘的工作状况，使道面的使用寿命延长。道肩作为道面与临接地面之间的过渡区域，应进行整备或修建，使其有足够承载强度，以便支承划出跑道的飞机，防止飞机的结构损坏；还可以支承可能在道肩上行驶的地面车辆，并能防止表面被飞机气流吹蚀。

设置道肩还有助于避免飞机发动机吸入石子和杂物。

对于代字为 D 和 E 的跑道,当道面宽度已达 60m,或代字为 A、B 和 C 铺有道面的跑道,两侧也设置道肩,宽度各为 1.5m。

(三)防吹坪

由于涡轮发动机喷出的气流对地面产生很强的吹蚀作用,特别对跑道端外面地区影响更大。为了防止紧靠跑道端的表面地区受到燃气的吹蚀,同时也避免提前着陆的飞机有碰上跑道端部裸边的危险,因此在跑道入口前一定距离内设置防吹坪。在该区域内可铺砌道面或植草皮。

防吹坪的宽度应等于跑道加上道肩的宽度。供波音 747 等大型飞机起降的跑道,防吹坪长度建议为 120m,而对较小的飞机可为 60m,至少为 30m。防吹坪强度应能承受偶尔滑出的飞机及应急或维护车辆的载荷。

(四)停止道和净空道

设置停止道的目的在于,一旦飞机中断起飞,可以在其上减速并停止。因此停止道应整备或修建得能承受飞机中断起飞时的载荷,不致使飞机结构受损。停止道宽度应与跑道宽度相等,长度应经过计算确定。停止道在跑道两端都要设置,因此占地较多。

设置净空道的目的在于,飞机可在其上空进行一部分起始爬升到安全高度(35ft)。净空道应由机场当局控制,仅供飞机在其上飞越。除了导航所需的设备和装置外,位于净空道内可能对飞机构成危险的物体应移走。必须设在净空道内的导航所需设备和装置,其质量和高度应为最小,且易折,并安放在对飞机危害最小的位置。

净空道的起点在跑道末端,其长度应经过计算确定。其宽度应自跑道中线延长线向两侧各延伸至少 75m。净空道的地面应不高出 1.25% 升坡的斜面。

是否设置停止道或净空道以增加跑道的公布距离的长度,将取决于跑道端以外地区的外在特性、使用该机场的飞机起降性能要求以及跑道长度和经济因素等。因此净空道和停止道不一定要设置。

(五)升降带(Runway Strip)

升降带是飞行区中跑道中线及其延长线两侧一块特定的场地,用来减少飞机冲出跑道时的损坏,并保障飞机在起飞或者着陆时安全飞行。升降带包括跑道、停止道(当设置时)和土质地区。

(六)跑道安全区

设置跑道安全区的目的在于,一旦飞机过早接地或冲出跑道,能尽可能减少危害。飞行区指标 I 为 3 或 4 的跑道以及飞行区指标 I 为 1 或 2 的仪表跑道,应在升降带两端设置跑道端安全区。其长度为自升降带端沿纵向向外至少延伸 90m,并尽可能加长;飞行区指标 I 为 1 或 2 的跑道端安全区宜自升降带端向外延伸 120m。其宽度至少应为跑道宽度的两倍。

二、机场滑行道系统

(一)滑行道设置要求

滑行道是机场内设置的供飞机滑行所用的规定通道。滑行道的主要功能是提供从跑道到航站区和维修区的通道，应使刚着陆飞机迅速离开跑道，不与滑行起飞的飞机相干扰，并尽量避免延误随后到来的飞机着陆。此外，滑行道还提供了飞机由航站区进入跑道的通道。滑行道将性质不同和分散的机场各功能分区（飞行区、旅客和货物航站区以及飞机的停放区、维修区与供应区）连接起来，使机场最大限度地发挥其容量作用并提高运行效率。

各滑行道组成了机场的滑行道系统。滑行道系统的各组成部分起着机场各种功能的过渡媒介的作用，是机场充分发挥功能所必需的。

滑行道系统应使飞机往来于跑道和机坪之间的活动受到最小的限制，应能在没有明显延误的情况下满足飞机在跑道系统上的起降要求。因此，滑行道系统应满足以下要求：

（1）滑行道路线应以最短的距离连接机场各个功能分区，从而减少滑行时间和费用。

（2）滑行道路线应力求简单，从而避免复杂的说明和驾驶员的混淆。

（3）滑行道路线应尽量用直线。必须改变方向时，应设置适当半径的弯道、增补面或加宽滑行道，使飞机能以最大可能速度滑行。

（4）滑行道路线应尽量多设单向交通段，确保飞机滑行的安全，减少延误。

（5）滑行道系统各组成部分发挥作用应均衡，避免"瓶颈"现象。

此外，滑行道系统还应做到：

（1）避开"外人"容易接近飞机的地区，以确保飞机的安全；

（2）其所有部分应都能从管制塔台上看得到，否则应在塔台设置远距摄像机监视；

（3）其布局应能避免滑行的飞机干扰助航设备或地面车辆使用滑行道；

（4）为避免发动机喷气的吹袭，应设置防吹屏保护人员和建筑物，采取措施稳固滑行道接近的土壤。

滑行道系统是机场的过渡设施，该设施维持着机场的运行容量，故应使该系统可保证30km/h平均滑行速度的能力。

（二）滑行道系统的组成

滑行道系统主要包括：①主滑行道；②进出口滑行道；③飞机机位滑行通道（即飞机停放位置滑行通道）；④机坪滑行道；⑤辅助滑行道；⑥滑行道道肩及滑行带。

主滑行道又称干线滑行道，是飞机往返于跑道与机坪的主要通道，通常与跑道平行。与跑道平行的滑行道称为平行滑行道（简称"平滑"）。

飞机机位滑行通道和机坪滑行通道（图1-23）均为机坪上的滑行道。飞机机位滑行通道是机坪的一部分，是由机坪滑行道分出，至仅作为供飞机进出机位使用的滑行道。机坪滑行道是滑行道系统中位于机坪上的那部分，供飞机穿越机坪或进入机位所用的滑行通道，大多在机坪道面边缘部分。辅助滑行道供飞机同向维修坪或隔离机坪所用，一般较少使用。

进出跑道的滑行道分为进口滑行道和出口滑行

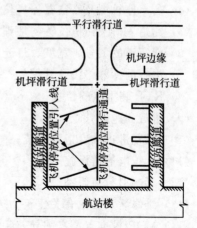

图1-23 机坪滑行道和机位滑行道

道，多连接跑道与主滑行道。进出口滑行道数量应能适应机场起飞和着陆高峰的需求，应使飞机在着陆后尽快地脱离跑道，并应在即将起飞前进入跑道。这样才能使飞机在跑道上的活动保持最小时间间隔。

出口滑行道又称为转出滑行道，其功能是使着陆飞机占用跑道的时间减至最短。出口滑行道与跑道入口的距离，取决于飞机通过跑道入口时的速度（即进场速度）、接地速度、在出口弯道中线切点的出口速度（转出速度、脱离速度）以及其间的反向加速度等因素。出口滑行道可以设置几条，其最佳数量和间距应根据接地速度与接地后的反向加速度将飞机合理地分为有限的几个组来确定（《国际民用航空公约》附件 14 有具体规定）。

出口滑行道可与跑道成直角，也可以成锐角。直角型滑行道需要飞机减速到极低程度，方可滑离跑道。锐角型滑行道则可允许飞机以较高速度滑离跑道，从而减少了占用跑道的时间，提高了跑道的容量，所以称为快速出口滑行道。繁忙机场应设置快速出口滑行道。快速出口滑行道与跑道交叉角不应大于 45°，也不应小于 25°，最好取 30°。

第五节　航图概述

航图是指专为满足空中航行需要，按照某些规范绘制的地球表面一部分及其地物和地形的图像。ICAO 附件 14 里有 17 种航图规范。与机场净空保护相关的几种航图包括机场图、标准仪表进/离场图、仪表进近图、机场障碍物 A 型/B 型图。

（一）机场图

机场图是为机组提供便于航空器位置与跑道之间往返进行地面活动的资料，它还提供该架次航行的基本运行资料。

图中数据包含：

（1）机场基准点（ARP）坐标；

（2）机场、着陆入口、接地带最高点以及停机坪的标高；

（3）所有跑道号码、长度、宽度、强度等标志；

（4）所有停机坪及航空器停机位置灯光等；

（5）跑道入口及停机位置的地理坐标；

（6）滑行道的编号、宽度、灯光、标志等目视引导和管制设施；

（7）滑行的标准路线及其编号；

（8）RVR 测报点的位置；

（9）进近和跑道灯光；

（10）目视进近坡度指示系统；

（11）无线电通信设施；

（12）影响滑行障碍物；

（13）维修区及其他有关建筑物；

（14）VOR 校准点及有关导航频率；

（15）不适合航空器使用的地面应如实清楚地加以标识。

（二）标准仪表进/离场图

标准仪表进场图（Standard Terminal Arrival Route，STAR）是为机组提供从航路阶段过渡到进近阶段的资料，一般在起始进近定位点（IAF）终止。标准仪表离场图（Standard Instrument Departure，SID）是为机组提供从起飞阶段到航路阶段应遵守的规定的标准仪表航路。

（三）仪表进近图

仪表进近图是用于向机组提供资料，使飞机能够向预定着陆跑道进行仪表着陆程序，包括复飞程序以及有关的等待航线。根据进近使用的导航设施的不同，仪表进近图又分为NDB 进近、VOR 进近、VOR/DME 进近、ILS 进近、ILS/DME 进近、RNAV 进近等。

（四）障碍物 A 型图

机场障碍物 A 型图：当机场存在重要障碍物时必须测绘该图。

目的：为有关人员确定航空器的最大允许起飞重量提供必要的机场资料。

要求：所有民用机场，在起飞航径区内有重要障碍物时，都应制作出 A 型图。在有多条跑道的机场，要求每条跑道绘制一张机场障碍物 A 型图。在一些地形较复杂，重要障碍物较多的机场，为将重要障碍物绘于图上，可以按起飞方向分别绘制单张图。

选定的比例尺，必须保证每幅图的范围包括所有重要障碍物。一般水平比例尺应为1∶10000～1∶15000。垂直比例尺必须是水平比例尺的 10 倍。

第六节　机场道面强度

（一）ACN、PCN 的含义

ACN：飞机等级号（Aircraft Classification Number），表示某飞机对某种强度土基上的道面作用的标准单轮荷载（以吨计）的两倍。

PCN：道面等级号（Pavement Classification Number），表示某道面可无数次安全承受的标准单轮荷载（以吨计）的两倍。

若机场道面强度随当地季节有显著变化，可以报告几个不同的道面等级号。

对于各地段强度不同的道面，道面最薄弱部分的 PCN 数值应通报作为该道面的强度。

（二）道面强度能否安全使用的判断

当飞机的 ACN 值等于或小于道面的 PCN 值时，能在规定胎压和飞机的最大起飞质量的条件下使用该道面。

如果飞机的 ACN 值大于道面 PCN，则表示飞机超载，飞机的运行将受到限制或禁止。

（三）道面强度通报

1. 道面类型

刚性道面，代号为 R；柔性道面，代号为 F。

2. 土基强度类型

土基强度类型见表 1-4 所列。

表 1-4　土基强度类型

	土基强度 类型代号	典型 K（MN/m³）值 （代表 K 值范围）	典型 CBR 值 （代表 CBR 值范围）
高强度土基	A	150（＞120）	15（＞13）
中强度土基	B	80（60～120）	10（8～13）
低强度土基	C	40（25～60）	6（4～8）
特低强度土基	D	20（＜25）	3（＜4）

3. 最大胎压类型

最大胎压类型见表 1-5 所列。

表 1-5　胎压类型

胎压类型	胎压限制	代号
高	无限制	W
中	限制到 1.50MPa	X
低	限制到 1.00MPa	Y
特低	限制到 0.50MPa	Z

4. 评定方法

（1）技术评定：代号为 T，表示通过道面特性专项研究和应用道面动力响应技术进行评定。

（2）经验评定：代号为 U，表示通过某种类型和质量的飞机正常使用该道面所获满意支撑的经验进行评定。

（四）道面强度通报举例

例 1　设在中强度土基上的刚性道面，采用技术评定法得到道面等级号为 80，无胎压限制，则道面通报为：

$$PCN\ 80/R/B/W/T$$

例 2　组合结构道面设置在高强度土基上，用经验评定法得到道面等级号为 50，最大允许胎压为 1.00MPa，则道面通报为：

$$PCN\ 50/F/A/Y/U$$

注：道面为组合结构。

例 3　设在中强度土基上的柔性道面，用技术评定法评定的道面等级号为 40，最大允许胎压为 0.80MPa，则道面通报为：

$$PCN\ 40/F/B/0.80MPa/T$$

（五）机场道面超载限制标准

除严重超载之外，道面的结构性能并不会在受到某一个高于特定限制的荷载而突然地或灾难性地产生毁坏。因此，作为权宜之计，在特殊情况下道面的偶尔超载运行是允许的，这只对道面的预期使用寿命产生有限的损失，对道面的破坏也只是相对小量地加速。我国《民用机场飞行区技术标准》对超载运行做出如下规定。

在满足下述条件时可有限制地超载运行：

（1）道面没有呈现破坏迹象，土基强度未显著减弱期间；

（2）对柔性道面，飞机的 ACN 不大于道面通报 PCN 值 10％时；

（3）对刚性道面或以刚性道面作为主要结构层的组合道面，飞机的 ACN 不大于道面通报 PCN 值 5％时；

（4）年超载运行次数不应超过年总运行次数的 5％；

（5）如果道面结构不清楚，应采用 5％的限制。

如果道面已出现破损迹象，上述有限制的超载也应禁止。此外，道面在冻融期间或因水的影响使道面或土基强度减弱时，均应避免超载。超载运行时，机场相关机构应定期检查道面状况。对是否按标准超载也要定期核查，因为过度超载会大大缩短道面使用寿命或导致道面大修。

第七节　机场飞行区技术进展

一、机场道面管理系统（APMS）

（一）我国机场道面管理的问题

（1）目前主要根据表面的巡视、检查对道面状况进行判断，缺乏先进、系统的道面评价方法、操作规程和技术手段。

（2）目前主要对跑道道面摩阻性进行定期检测，对于机场道面的完好性、平整度、结构承载力等重要内容缺乏评判和控制，难以全面、有效地保障机场道面的服务性。

（3）对于道面破损，基本采取随破随补、哪破补哪的维修方式，与国际民航组织倡导的预防性维护（Preventive Maintenance）尚有较大距离。各种规模的维修，特别是道面的中修、大修，没有形成系统的道面维修策略，缺乏科学的维修决策支持。

（4）各种机场道面管理信息和技术资料的记录、存储、查询、更新、传递、共享大都依靠人工和传统的纸质文件，效率低下、易出差错、零乱无序。

（5）机场当局对道面各种性状的变化规律和道面预期服务年限等无从把握，难以对各种技术历程、维护经验、检测数据和未来性状发展趋势等进行积累、分析和归纳。

（6）道面日常管理（如道面巡视检查等）技术手段落后、工作效率低下，难以与机场的高密度交通和繁忙运行要求相适应。

（二）基于 GIS 的机场道面管理系统

机场道面是一种面积大、分布广的结构物，地理位置相近的道面在道面属性上有一定的连续性。为了减少调查评价的变异性，简化道面的维修养护对策（通常对属性相近的道面实施相同的维修养护对策），从而使得道面管理更加科学合理，需要将相邻道面按照一

定原则进行组合，构成管理单元。从整个机场道面的角度来看，就是对道面划分成面积较小的区域，这些面积较小的区域就是不同层次的道面管理单元。

APMS 的道面管理单元从高到低分为三个层次：区域、区块和调查单元。道面管理单元是道面属性信息的载体，每个层次的道面管理单元都有自己的属性；层次高的管理单元是由若干个层次较低的管理单元组成的；层次低的管理单元对层次高的管理单元的部分属性有继承性，但反之没有。以下给出各层道面管理单元的划分依据：

（1）区域。按照使用功能将整个飞行区道面分为跑道、滑行道、停机坪、其他区域等四个区域。区域的设置主要是为了方便机场当局高层管理人员了解道面性状。

（2）区块。区域中的道面一般不具有相近的道面属性，因此需要依照道面类型、结构组合、修建时期、土基类型、交通等级等因素将每个区域分为若干个区块。一个区块应被当作实施大中修的最小单元。

（3）调查单元。在每个区块内，对于水泥混凝土道面，将相邻 20 块板作为一个调查单元；对于沥青混凝土道面，将 $450m^2$ 作为一个调查单元。调查单元的划分主要是便于进行道面损坏状况调查和评价，因为道面损坏的扣分曲线和修正折减曲线都是以上述的调查单元绘制的。调查单元是道面损坏评价的最小单元。

地理信息系统（GIS）是一个以地理空间数据库为基础，在计算机硬件、软件环境的支持下，对地理空间数据进行获取、存储、编辑、处理、分析和显示的系统。GIS 作为一项新兴技术，自 20 世纪 60 年代问世以来，不断发展和完善，已经能够成功地运用于机场道面管理系统（APMS）中，如图 1-24 所示。

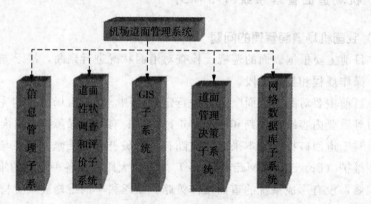

图 1-24　机场道面管理系统构成

与传统的 APMS 相比较，引人 GIS 的 APMS 有以下独特的优势：

（1）提供多指标综合、集成的平台。由于道面性状的复杂性，难以使用单一指标评价管理道面，使用 GIS 能够直观地综合分析多个单一指标的评价结果。

（2）提供位置参照系统（LRS）。不仅能够保证数据采集的位置一致性，有利于有效数据的积累；而且能够为机场其他设施（如管线、信号、排水等）的管理提供地理信息平台；另外，还便于将机场的地理信息集成到更高层次的系统中（如城市地理信息系统）。

（3）提供了图文一体的道面信息。能够将道面属性信息按需要显示在地图上，便于管理人员全面了解道面的性状。

GIS 技术在欧美国家的 APMS 中已经得到广泛的应用。GIS 和 APMS 已经能够紧密地结合，如 Micro PAVER 从 4.0 版起已新增 GIS 功能，将 ESRI 公司的 ArcView 作为其空间信息分析、展示的平台，系统的功能有了很大程度的增加，美国纽约州的 Albany 国际机场就是一个成功的案例。同时，有资料表明，在未来的两年中，美国有 60% 的机场已经使用或者正计划使用 GIS。国内在 APMS 方面的研究和开发刚刚起步，现有的测试、调查、评价工作由于缺乏准确的地理空间信息的支持，导致难以对有效道面历史数据进行积累，造成历史数据的浪费。

二、机场 FOD 探测

（一）FOD 概念

机场跑道是飞机起飞和着陆的重要设施，在飞机起飞和降落时不能有任何人或异物在跑道上，以免影响飞机的正常起飞和降落。机场跑道的安全是机场飞行区管理中的重中之重。

FOD（Foreign Object Deris）是指外来的不属于跑道、滑行道或机坪区域上的物品。FOD 可对飞机造成损坏，在极端情况下可引发事故。典型的 FOD 包括飞机零部件、轮胎碎片、机械工具、钉子、行李配件、破碎路面和石头等，如图 1-25 所示。

图 1-25 机场 FOD 示意图

根据对航空器运行安全的危害程度，可大致分为三类：

（1）高危外来物：如各种金属零件、行李锁、拖车挂链和重量较重的外来物等，高危外来物会对航空器造成极大的损伤。

（2）中危外来物：如道面上的碎石块、起落架销子提示带、报纸、包装箱等，中危外来物对飞行安全有一定的影响。

（3）低危外来物：如非金属零碎垃圾、纸屑、树叶等，低危外来物对飞行安全威胁较小。

目前国内外机场普遍采用人工目视巡场的方式对跑道进行定期检查和清扫，西方很多

国家已采用视频监控的方式，如图1-26所示。但人工目视巡场会存在一些弊端，如有时需关闭跑道，降低机场容量；巡场人员由于自身原因或天气条件较差未发现FOD；无法进行FOD事件分析及追溯管理等。因此需要先进的科技手段和自动化的探测系统，以保障飞机的起降安全。

图1-26　中外机场FOD监控方式对比

（二）机场道面FOD带来的安全隐患

飞机对于FOD来说是相当脆弱的，FOD可被吸入飞机的发动机。一小块塑料布吸入发动机就可能引起空停，对飞机造成损害或引发事故；一个小螺钉或金属片甚至尖锐石子都可能扎伤轮胎引起爆破，产生的轮胎碎片还可能打伤飞机机体或重要部件，如液压管、油箱。FOD带来的危害不仅会损坏飞机，而且还会带来巨大的经济损失甚至夺去宝贵的生命。

2000年7月25日，一架法国协和航空公司AF-4590航班在飞离法国巴黎戴高乐国际机场跑道时，轧上一块前架美国大陆航空公司DE-10客机上脱落下来的钛金属碎片，由此划破了轮胎，其橡胶碎片又击中飞机的燃料箱，致使油箱破裂，引发燃油泄漏并起火，最终导致飞机坠毁，整个过程不到1分30秒，机上100名乘客、9名机组人员和地面上的4人共113人遇难，这就是协和空难事件。事故现场的飞机解体碎片如图1-27所示。为此，法航向遇难者家属赔偿了约1.3亿美元，协和飞机也在2003年10月24日全部退役。

据保守估计，每年全球因FOD造成的损失至少达30亿～40亿美元，FOD不仅会造成巨大的直接经济损失，还会造成航班延误、中断起飞、关闭跑道等间接经济损失，而间接损失至少为直接损失的4倍。

我国已成为航空大国，航空运输量已挤入世界的前列，尤其是北京首都国际机场、上海浦东国际机场、广州白云国际机场，在2012年机场客运吞吐量已分列世界第2、第18、第21位。随着航空业务量的增长，再单靠人力的巡检来排除跑道FOD已不现实，因此就需要采用设施设备对机场FOD进行实时的自动识别、定位、报警，解决道

图 1-27 法航协和空难飞机碎片

面不洁扎破轮胎、打坏飞机发动机等机场保障难点易发问题，提高机场保障实力和监测能力。

(三) 国外机场道面 FOD 探测技术

目前国外机场道面 FOD 探测系统主要采用雷达探测技术和视频图像识别技术。雷达探测技术又分固定式和移动式，固定式雷达支持对机场的连续监视，而移动式雷达是人视觉巡查的一种有益补充。视频图像探测也支持对机场道面 FOD 的连续监视，只是易受恶劣天气和黑夜亮度不足的影响。基于雷达探测技术的系统对颜色没有反应，而基于视频图像技术的系统却能对颜色和光照对比度产生反应。把雷达和视频结合起来，既能实现对机场 FOD 的连续监视，也能克服恶劣天气和黑夜的影响。

目前国外共有四种较为典型的机场道面 FOD 探测系统：一是英国 QinetiQ 公司生产的 Tarsier 系统；二是以色列 XSight 公司生产的 FODectect 系统；三是新加坡 Stratech 公司生产的 iFerret 系统；四是美国 Trex 公司生产的车载式 FODFinder 系统。

1. Tarsier 系统

Tarsier 系统（图 1-28）是英国 QinetiQ 公司的产品，主要由 94GHz 毫米波雷达设备和视频摄像系统等组成。设备安装在距跑道中心线 500m 处的自立塔（高 4～12m）上，雷达设备的扫描范围为 850m，可连续扫描道面，一旦识别出 FOD 的位置，就发送出警报消息，并可准确定位。一条长 2500m 的跑道需要布设 3～4 台雷达设备。该系统能够探测FOD 的最小尺寸为 25mm。

2. FODetect 系统

FODetect 系统（图 1-29）是以色列 XSight 公司的产品，系统采用较小的探测单元，主要由 77GHz 毫米波雷达设备和视频摄像等组成。雷达设备对称安装在跑道两侧边灯的机械底座上，间距为 60m。电源和光缆可利用边灯原来的电缆沟基础，系统能够探测FOD 的最小尺寸为 25mm，并根据设备编号对异物进行定位。探测单元连续扫描探测区域，当发现 FOD 时会发送一个告警信号给运行管理中心，同时它也发送视频图像以便非常容易地追踪该异物。

图 1-28　Tarsier 系统探测设备

图 1-29　FODetect 系统探测设备

3. 新加坡 iFerret 系统

新加坡 Stratech 公司的 iFerret 系统（图 1-30），采用智能视频探测技术，使用高分辨率摄像机扫描跑道。其软件可以适应不断变化的光线以及跑道表面情况，一旦发现异物，会及时发送报警信号。摄像机架设在距离跑道中心线 200m 外的自立塔（高 6～12m）上，每台摄像机扫描范围为 300m，一条跑道需要架设 8～10 台摄像机。该系统能够探测异物的最小尺寸为 20mm，但在夜间、阴雨天及低能见度等情况下应用有一定的局限性，目前已在新加坡的樟宜机场安装使用。

4. FOD Finder 系统

车载式 FOD Finder 系统（图 1-31）是美国 Trex 公司的产品，由 77GHz 毫米波雷达扫描设备、数据处理系统和载车组成，能够探测 FOD 的最小尺寸为 25mm，采用载车上的 GPS 装置对 FOD 进行定位，4 分钟内可对一条 2500m 长的跑道监测一遍。属于移动探测系统，它可以安装在车辆的顶部。该系统可提供异物的雷达和视频图像，一旦拿回该物品，会对物品拍照，并分配一个条码以备调查。

图 1-30　iFerret 系统探测设备

图 1-31　FOD Finder 系统探测设备

5. 各探测系统比较

表 1-6 为四个系统的技术和安装技术参数的列表对比，以方便工程设计人员在进行该系统设计选型时，根据各个机场的实际情况，如飞机的数量、种类，监控区域的数量、种类及位置，探测的精度，机场的气候条件等因素来确定具体选择何种 FOD 探测技术，从而更有针对性。

表 1-6　技术参数对比表

公司和产品名称	Stratech &iFerret	Xsight &Fodetect	Trex Enterprises &FODFinder	Qinetiq &Tarsier
技术体制	纯光学	光学和雷达	雷达	雷达
工作方式	塔架式	边灯式	车载式	塔架式
使用机场	新加坡樟宜机场 香港国际机场 迪拜机场	波士顿洛根、本古里安、新曼谷机场、西雅图－塔科马机场	美国海军陆战队各级航空站	伦敦希思罗机场 多哈哈迈德机场 温哥华国际机场
特点	检测性能好，设备安装、维护成本较低，易受天气影响	检测性能好，可靠性高，工作环境恶劣，设备维护成本高	部署使用方便，不能连续工作，可能产生新异物	技术成熟，检测率低，扫描速度慢，有盲区，受跑道倾斜影响

（四）应用展望

机场 FOD 探测系统，通过雷达技术、视频技术、传输技术、信息分析技术的结合，实现对机场道面 FOD 的实时探测，为保障飞机的安全运行创造了条件。

目前，全球绝大多数机场的 FOD 监测仍然是靠人工完成的，这种方法不但可靠性差、效率低，而且占用了宝贵的跑道使用时间，无形中降低了跑道的容量。在机场使用 FOD 探测系统，可以克服恶劣天气和黑夜亮度不足的影响，全天候连续不断地监视跑道道面，节省人工巡查跑道的时间，节省人力投入，尤其是航空业务量大的机场，使用 FOD 探测系统后，不用占用机场跑道的宝贵时间，提高了跑道使用率和经济效益。采用机场道面 FOD 探测设备，技术先进，可靠性高，提高了机场道面的安全性，增加了公众乘飞机的安全感，带来良好的社会效益。

随着我国经济的发展，机场规模和容量都在不断地扩大，起降架次日益增加，给机场的运营带来了前所未有的压力，无论从安全角度，还是经济效益、社会形象等方面，机场都应全力以赴提高运行安全，提高机场安全运营和综合管理的总体水平。国外经过了 10 多年的发展，技术比较成熟，产品也比较齐全，我们可以借鉴国外先进成熟的技术，以满足我国国内民航机场安全建设的需求。

三、飞机道面拦阻系统

飞行跑道是机场最重要的基础设施，飞机在跑道上的运行安全，历来是机场安全管理和技术研究所关注的重点，而跑道端部安全更是机场安全的焦点。如何减少飞机冲出跑道

的危险发生，进而减少对飞机的损伤、保障机组人员和乘客的生命安全，已成为近年来机场安全技术研究的热点。道面拦阻系统（EMAS）主要通过飞机轮胎压碎拦阻材料来制动飞机，从而使飞机减速停止，用来保护冲出跑道的飞机。如图1-32所示为**机场拦阻系统使用现状**。

图1-32　机场拦阻系统使用现状

（一）道面拦阻材料特性

飞机经过道面拦阻系统时，将拦阻道面压碎，被压碎的拦阻材料吸收了飞机的动能，从而将飞机拦停。拦阻材料对飞机能量的吸收应与材料被压碎的体积成比例关系。

分析一种材料是否适宜用作道面拦阻材料，需要注意两个重要因素：其一，机轮压力的精确校准。机轮压力过大，会增加起落架负担，严重时可能会使起落架结构遭受损伤；机轮压力过小，会降低材料的拦阻性能，从而影响拦阻面对飞机的拦阻。应根据飞机和起落架的动态响应来求得机轮压力。其二，材料的最大压缩比。压缩比用来确定整个拦阻过程中能量的吸收值。

1. 道面拦阻系统的力学特性

飞机冲出跑道后进入拦阻道面内，前、主起落架将同时承受垂直荷载和拖力负载。飞机在设计时主要考虑由主起落架提供拖力负载，而前起落架不参与刹车过程，因此前起落架的结构强度要小于主起落架，但拦阻系统在对飞机进行拦截时会同时给前、主起落架施加阻力，因此设计飞机道面拦阻系统时必须严格控制拦阻材料的压碎强度，以保证不损伤飞机起落架。道面拦阻系统的力学特性主要与五种因素有关：飞机冲出跑道的速度，压入拦阻材料的深度，机轮压力，起落架构型及前、主起落架支柱的强度。

2. 材料要求

由于处于露天工作环境，道面拦阻材料遭受风吹日晒、雨雪冰冻等各种自然因素的作用。为确保其性能可靠，拦阻材料应具有以下特性：

（1）易碎性。当材料的表面压力超过其设计荷载时，材料即被压碎。EMAS的设计原理是通过制动飞机起落架机轮，从而达到拦阻飞机的目的。因此，材料的设计荷载应当在一定的范围内，即不损伤起落架结构而且能保证安全拦阻冲出跑道的飞机。如果材料强度过大，导致起落架折断，将会降低拦阻安全性能。

（2）耐水性。由于 EMAS 道面所处的环境较为恶劣，要受到雨淋、冰冻、霜雪、太阳曝晒等各种自然因素的作用，因此材料自身应不吸收水分，可以较好地防止水分侵蚀，保证遇水后不影响拦阻系统的使用品质和使用寿命。

（3）应不吸引鸟类及野生动物。应保证 EMAS 的使用安全，避免鸟类等动物靠近，防止发生鸟击危险事故的发生。

（4）抗燃性。EMAS 应具有耐受飞机高温尾喷气流和吹雪车短时吹喷的能力，在高温下应不易燃、不助燃。

（5）耐久性。拦阻系统需要裸露在自然环境中，经受着持续变化的自然环境的影响。EMAS 应不随环境温度和湿度的变化而退化，不受盐碱、除冰液、机油和润滑油的侵蚀，能抵抗吹沙、吹雪等工作的影响，始终保持良好的使用品质。

（6）可修复性。当道面拦阻系统拦阻飞机后，必须尽快完成 EMAS 的修补检查工作。为确保对其他冲出跑道的飞机再次安全拦阻，应当及时修复已被机轮损坏的道面。在修复期间，EMAS 未被损及的部分应当被隔离并暂停使用。

（二）道面拦阻系统铺设要求

1. 距跑道端距离

道面拦阻系统设在跑道两端外的跑道中心延长线上。为增大飞机进入拦阻系统时所受的阻力，并防止提前接地飞机的尾喷气流对道面拦阻系统造成伤害，EMAS 的铺设起点应与跑道端有一定距离，应至少为 23m，这一段称为滞后段。如果跑道端安全区距离不足，导致拦阻道面的铺设距离不能满足要求时，可以适当地缩短滞后段距离。

2. 长度

道面拦阻系统的长度极其重要，它将直接影响拦阻效果。当跑道的进近端设有垂直引导时，若不设停止道，EMAS 的铺设终端应距跑道端至少 180m；若设有停止道，EMAS 铺设终端应距停止道端至少 180m；当跑道的进近端不设垂直引导时，应设置标准的跑道端安全区。按照规定，标准的跑道端安全区应自跑道端向外延伸至少 300m。

3. 宽度

飞机冲出跑道进入拦阻道面时，可能会偏离跑道中心延长线，给拦阻飞机造成一定的偏差。为确保飞机冲出跑道后能够被安全拦停，EMAS 道面必须具有足够的宽度。EMAS 道面的宽度至少要与跑道宽度相同，其宽度的设置应充分满足应急救援的需要，便于救援车辆迅速到达事故现场，并保证不会造成飞机、车辆受损以及人员伤亡。

4. 坡度

EMAS 道面应充分考虑飞机进入和拦停后飞机处理工作的方便（为牵引飞机离开道面提供便利）。若 EMAS 铺设在现有道面上，其坡度的设置应确保应急救援车辆可以从靠近跑道的一端及其两侧迅速到达，远离跑道一端的坡度应尽量为救援车辆提供便利。

（三）EMAS 建模分析与仿真

飞机冲出跑道进入道面拦阻系统后，机轮受飞机的重力作用而压入 EMAS 内。拦阻道面在被压碎的同时吸收了飞机前进的动能,从而制动飞机使之减速停止。性能优良的道面拦阻系统要求对不同质量和不同冲入拦阻系统速度的飞机能够在限定的铺设距离内将飞机安全拦停,且起落架所受的拖滞力、EMAS作用给机轮的垂直荷载均能满足飞机的设计要求,不对飞机造成结构损伤。

1. 建模假设

(1) 飞机起落架为前三点式;

(2) 飞机在受到应急拦阻时,刹车系统不起作用,不使用反推力,不考虑飞机轮胎在道面滚动的摩擦力,即只有拦阻系统给飞机提供制动力;

(3) 飞机荷载G、起落架可承受的最大水平拖力FG和机轮胎最大压力PT为已知。

2. 拦阻过程动力学分析

一般冲出跑道时飞机与道面拦阻系统相互作用时,飞机初始冲入拦阻道面内,前、主起落架均压入其中,共同受EMAS拖滞力的作用而减速停止。

 学完本部分后回答下列问题:

1. 如何划分飞行区等级?

2. 升降带与升降带平整区域的区别是什么?

3. 跑道公布距离包括几个指标?在实际应用中要考虑哪些因素?

4. 什么是目视助航设施?

5. 如何预防机场FOD产生?

第二章 标志线识别与维护

标志线由不同颜色、形状、尺寸的线条构成，位于跑道、滑行道、停机坪、服务道路等飞行区内的铺筑道面上或障碍物上，是一类使用最久且应用最广泛的机场助航设施。标志线为飞行员和车辆驾驶员在白天提供必要的限制、指示或引导，因此，保持标志线的有效性在很大程度上影响着飞机和车辆运行的安全性和高效性。

图 2-1 标志线的划设

需要掌握的知识与技能如下：
➢ 跑道标志线的类型与特性；
➢ 滑行道标志线的类型与特性；
➢ 机坪标志线的类型与特性；
➢ 服务车道标志线的类型与特性；
➢ 障碍物标志的特性；
➢ 各种标志线的绘制；
➢ 标志线涂料的种类与技术要求；
➢ 标志线刷新的方法与质量验收；
➢ 标志线清除的方法；
➢ 标志线施工设备的操作；
➢ 标志线日常检查程序与要求。

第二节　标志线认知

机场常见标志线按其所在位置不同可以分为跑道标志线、滑行道标志线、机坪标志线及其他标志线等几种类型，每一大类标志线又包含了若干不同类型、不同功能的标志线。

一、跑道标志线

（一）一般要求

跑道标志线由跑道号码标志、跑道入口标志、跑道中线标志、跑道边线标志、接地带标志、瞄准点标志构成，特殊情况下也包含跑道入口内移标志、跑道入口前标志、跑道掉头坪标志和跑道关闭标志。跑道上的标志线应为白色（除跑道入口前标志和划设在跑道上的掉头坪标志外），在水泥混凝土跑道上也可加黑边，能够提高其明显度。

在两条跑道相交处，应显示较为重要的那条跑道的标志，另一跑道的所有标志应予以中断，跑道的重要性顺序为：精密进近跑道、非精密进近跑道、非仪表跑道。在跑道与滑行道相交处，应显示跑道的各种标志（边线标志除外），而滑行道的各种标志均应中断。

跑道标志可用无空隙的整块组成，也可由能够提供等量效果的一系列纵向线条组成。跑道标志宜采用适当品种的油漆，以尽可能减少标志引起的不均匀摩擦特性的危险。

（二）跑道号码标志

1. 组成

每一跑道都应设置跑道号码标志，单条跑道号码标志由两位数字组成，平行跑道还应另加一个字母，并适当地设置于跑道入口处，其在跑道上的位置如图2-2所示。

两位数字为从磁北顺时针至该跑道着陆方向磁方位角的十分之一，小数点后四舍五入，数字为一位整数时前面加"0"，跑道号码的计算方法如图2-3所示。

平行跑道的跑道号码标志中字母应按以下方式确定（顺序为从进近方向看去自左至右）：

两条平行跑道——"L""R"；

三条平行跑道——"L""C""R"；

四条平行跑道——"L""R""L""R"；

五条平行跑道——"L""C""R""L""R"或"L""R""L""C""R"；

六条平行跑道——"L""C""R""L""C""R"。

2. 尺寸与构型

数字和字母的形状和比例必须如图2-4所示，标志的高度不小于9m，一般为18m。

（三）跑道中线标志

1. 组成

跑道必须设置跑道中线标志，由均匀隔开的线段和间隙组成，位于两端跑道号码标志之间的中线上。

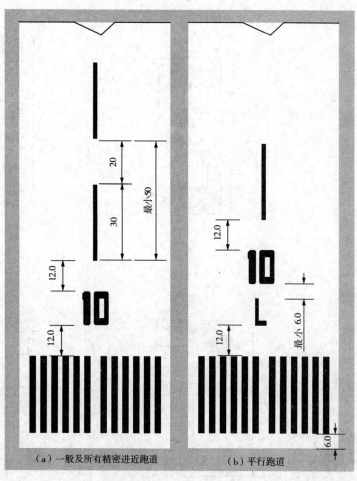

（a）一般及所有精密进近跑道　　　　（b）平行跑道

图 2-2 跑道号码的确定

注：图中单位均为 m。

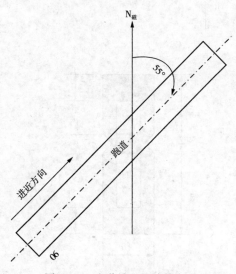

图 2-3 跑道号码的计算方法

注：从磁北方向顺时针至进近方向的夹角是 55°，其十分之一是 5.5，四舍五入后为 6，故跑道号码为 06。

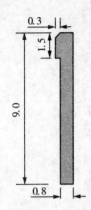

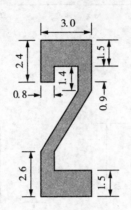

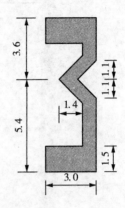

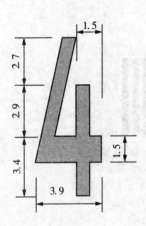

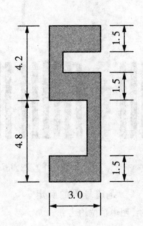

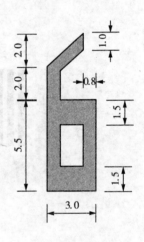

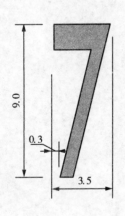

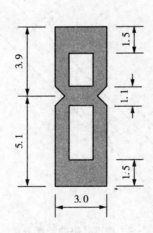

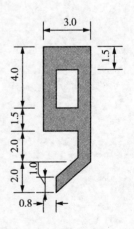

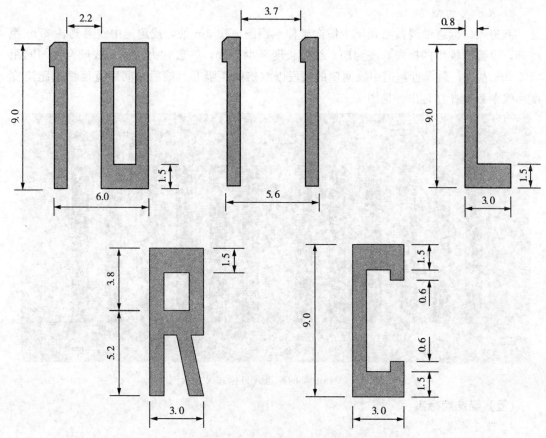

图 2-4　跑道号码标志数字与字母的形状与比例

注：所有单位均为"m"，未标注的直线段笔画宽度均为 0.8m。

2.尺寸与构型

跑道中线每一线段加一个间隙的长度不得小于 50m，也不能大于 75m；每一线段的长度必须至少等于间隙的长度与 30m 之间的较大值。

Ⅱ类、Ⅲ类精密进近跑道的中线标志宽度不小于 0.9m，Ⅰ类精密进近跑道及非精密进近跑道的中线标志宽度应不小于 0.45m，其他跑道中线宽度不小于 0.3m。

（四）跑道入口标志

1.设置要求

所有跑道入口处必须设置跑道入口标志。

2.组成

跑道入口标志必须由一组尺寸相同、位置对称于跑道中线的纵向线段组成，从距离跑道端至少 6m 处开始，如图 2-5 所示的 45m 宽的跑道。线段数目由跑道宽度确定如下：

①18m——4 条；②23m——6 条；③30m——8 条；④45m——12 条；⑤60m——16 条。

当一条跑道道面宽度不在上述范围内时，应以批准的飞行区指标Ⅱ所对应的跑道宽度确定跑道入口标志线段总数。

3. 尺寸与构型

跑道入口标志的线段必须至少横向延伸至距跑道边 3m 处，或跑道中线两侧各 27m 距离处，以得出较小的横向宽度为准。线段长度至少 30m，一般宜为 45m。线段宽度与间距为 1.8m 左右，最靠近跑道中线两侧的线段以双倍间距隔开。线段与间距宽度根据跑道宽度和线条数目计算得出。见图 2-5。

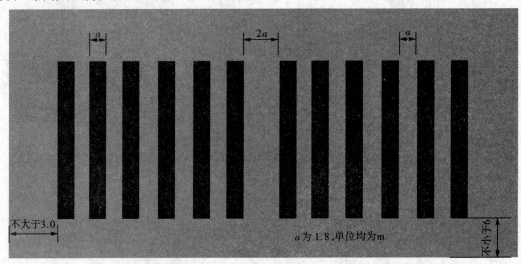

图 2-5 45m 宽的跑道入口标志尺寸示例

（五）瞄准点标志

1. 设置要求

铺筑道面的跑道每一个进近端均应设置瞄准点标志，瞄准点标志必须由两条明显的条块组成，对称的设在跑道中线的两侧，如图 2-6 所示。

2. 标志的位置、尺寸与组成

瞄准点标志的尺寸和位置与跑道可用着陆距离有关，其开始端距离跑道端头的距离如表 2-1 所示，但在跑道装有目视进近坡度指示系统时，标志的开始端必须与目视进近坡度起点重合。

瞄准点标志条块的尺寸及其内边的横向间距必须符合表 2-1 中相应栏的规定。标志线段长度在要求提高标志的明显度之外，宜选用规定长度范围内较大数值。标志线段宽度横向间距可在表 2-1 所列范围内选定，以尽量减小轮胎橡胶淤积对标志的污染。但当划设接地带标志时，应与接地带标志的横向间距相等，如图 2-6 所示。

表 2-1 瞄准点标志的位置和尺寸

位置和尺寸	可用着陆距离			
	小于 800m	800m 至 1200m（不含 1200m）	1200m 至 2400m（不含 2400m）	2400m 以上
跑道端至标志开始点距离	150m	250m	300m	400m
标志线段长度	30～45m	30～45m	45～60m	45～60m
标志线段宽度	4m	6m	6～10m	6～10m
线段内边的横向间距	6m	9m	18～22.5m	18～22.5m

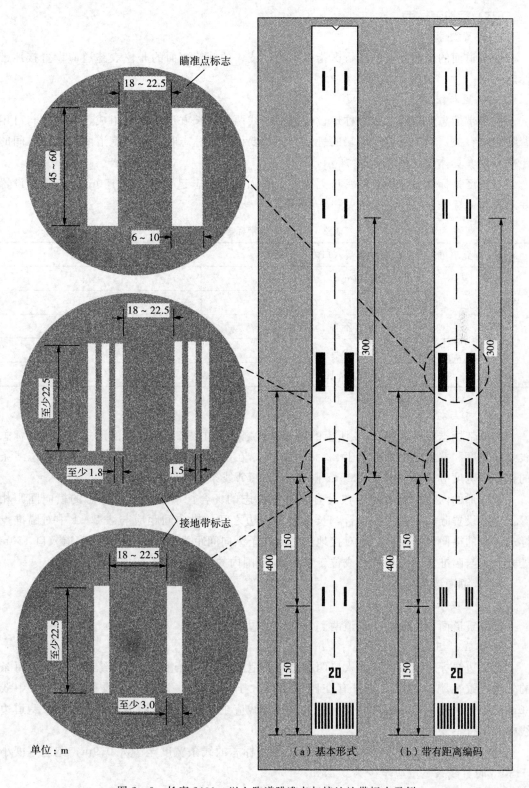

图 2-6 长度 2400m 以上跑道瞄准点与接地地带标志示例

（六）接地带标志

1. 设置要求

铺筑道面的仪表跑道和飞行区指标Ⅰ为3或4的铺筑道面的非仪表跑道应设置接地带标志。

2. 位置与组成

接地带标志应由若干对对称地设在跑道中线两侧的长方形标志块组成，其对数与可用着陆距离有关，当一条跑道两端的进近方向都要设置该标志时，则与跑道两端入口之间的距离有关。具体规定如表2-2所示。

飞行区指标Ⅰ为2的非精密进近跑道，在瞄准点标志起端之后的150m处应增加设置一对接地带标志。

表2-2 接地地带标志块对数

跑道可用着陆距离或两端入口之间的距离	标志块对数
小于900m	1
900m至1200m（不含1200m）	2
1200m至1500m（不含1500m）	3
1500m至2400m（不含2400m）	4
2400m及其以上	6

3. 尺寸与构型

接地带标志应符合图2-6所示的两种形式之一。在图2-5（a）的形式中，每条标志线条的长度和宽度应分别不小于22.5m和3m。在图2-5（b）的形式中，每条标志线条的长度和宽度应分别不小于22.5m和1.8m，相邻线条之间的间距应为1.5m。

长方形的内边的横向间距在设有瞄准点标志的场合，应与瞄准点标志的横向间距相等。在不设置瞄准点标志的场合，长方形的内边之间的横向间距与表2-1中对瞄准点标志规定的横向间距相符。每对接地带标志线条纵向间距为150m，从距离跑道入口150m处开始。与瞄准点标志相重合或位于其50m范围内的接地带标志应省略。

（七）跑道边线标志

1. 设置要求

有铺筑道面的跑道应在跑道两侧设置跑道边线标志。

2. 位置、组成与尺寸

跑道边线标志设置在跑道入口两端之间的范围内，沿跑道的两侧边缘各设一条，每条的外边大致在跑道边缘上，只有在跑道宽度大于60m时，标志才应设在距离跑道中线30m处。与其他跑道或滑行道交叉处的跑道边线应予以中断，在跑道入口内移时，跑道边线标志保持不变。

跑道宽度为大于或等于30m时，跑道边线标志的线条宽度至少为0.9m；跑道宽度小于30m时，线条宽度应至少为0.45m。

3. 其他要求

如设有跑道掉头坪，在跑道与跑道掉头坪之间的跑道边线标志不应中断；与跑道相交的垂直联络道处跑道边线标志以及垂直穿越跑道的滑行道相交处，跑道边线标志均应中断。

（八）跑道入口内移标志

1. 设置要求

当因净空限制、跑道维修或其他原因需要将跑道入口内移时，需要将原跑道入口标志内移并添加跑道入口内移标志，如图2-7所示。

2. 尺寸与构型

当跑道入口永久内移时，应按图2-6（b）所示在内移跑道入口以前的那部分跑道上设箭头。当跑道入口是从正常位置临时内移时，应按图2-6（a）所示加以标识，将内移跑道入口以前除跑道中线标志和跑道边线标志以外的所有标志遮掩，并将跑道中线标志改为箭头。

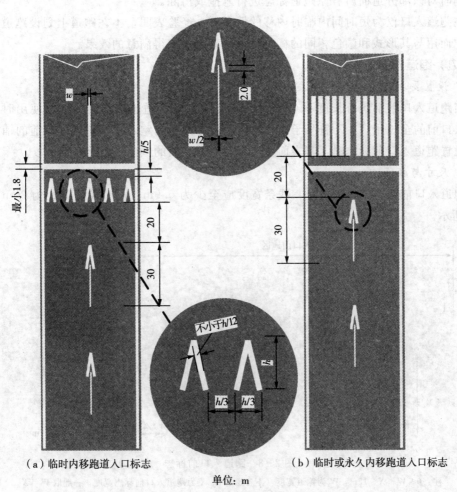

（a）临时内移跑道入口标志　　　　　　（b）临时或永久内移跑道入口标志

单位：m

图2-7　45m宽的跑道入口内移标志示例

跑道入口若需暂时内移或永久内移，则跑道入口标志应增加一条横向线段，其宽度应不小于1.8m。图2-7（a）中跑道入口内移标志中的箭头应对称于中线排列，其数量应按跑道的宽度确定，见表2-3。

表 2-3 内移入口箭头尺寸与数量

跑道宽度（m）	h 值（m）	箭头数量（个）
18	10.2	3
23		3
30	12	4
45		5
60		7

3. 其他要求

当内移跑道入口以前的跑道已不适于飞机的地面活动时，此区域应设置跑道入口前标志，同时对该部分道面所有原跑道标志进行遮掩或清除。

在跑道入口仅为短时间内临时内移的情况下，经验表明，不在跑道上划设跑道入口内移标志而用与其形式和颜色相同的标志物来代替也能取得满意的效果。

（九）跑道入口前标志

1. 设置要求

当跑道入口前铺筑有长度不小于 60m 的道面，且不适于航空器的正常使用时，应在跑道入口前的全长用"＞"符号予以标志，箭头方向指向跑道。当跑道入口前的铺筑面不适于设置跑道入口前标志时，其表面颜色宜与跑道表面的颜色有显著区别。

2. 尺寸与颜色

跑道入口前标志颜色为黄色，线条宽度应至少为 0.9m，两个箭头间距为 30m，如图 2-8 所示。

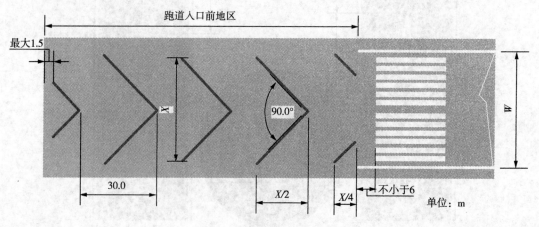

图 2-8 跑道入口前标志

注：$0 \leqslant W - X \leqslant 15m$，$W$ 为跑道宽度（不含道肩），X 为跑道入口前标志宽度，一般取 $W = X$。

（十）跑道掉头坪标志

1. 设置位置与要求

在设有跑道掉头坪的地方，必须按照要求设置跑道掉头坪标志，用以连续引导航空器完成 180°转弯并对准跑道中线。

跑道掉头坪标志应从跑道中线标志弯出并进入掉头坪，其与跑道中线的交接角不应大于30°。跑道掉头坪标志应从跑道中线标志的切点开始平行于跑道中线标志延伸一段距离，此距离在飞行区指标I为3或4时应至少为60m；在飞行区指标I为1或2时应至少为30m。

2. 颜色与尺寸

跑道掉头坪标志线为宽度不小于0.15m的连续黄色实线，其设置方法与滑行道中线标志的设置方法相同；应沿掉头坪边缘设置掉头坪边线标志，掉头坪边线标志的设置方法与滑行边线标志的设置方法相同。见图2-9。

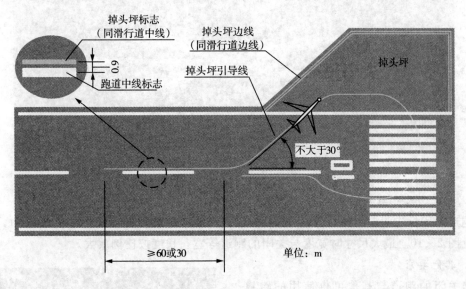

图2-9 跑道掉头坪标志（m）

3. 其他要求

跑道掉头坪标志引导飞机滑行的方式应允许飞机在开始180°转弯以前有一段直线滑行。跑道掉头坪标志的直线部分应平行于跑道掉头坪的外边缘。跑道掉头坪标志中拟供飞机跟随进行180°转弯的曲线部分的设计宜能保证前轮转向角不超过45°。

跑道掉头坪标志的设计应使当最大型飞机的驾驶舱保持在跑道掉头坪标志的上方时，飞机起落架的任何机轮至跑道掉头坪边缘的净距不小于表2-4的规定。

与跑道标志相交处的掉头坪标志应予以中断。

表2-4 飞机主起落架外侧主轮与滑行道道面边缘之间的最小净距

飞行区指标II	净 距（m）
A	1.5
B	2.25
C	飞机前后轮距＜18m时，3.0 飞机前后轮距≥18m时，4.5
D	4.5
E	4.5[①]
F	4.5[①]

注①：当天气恶劣时，此值应取6m。

（十一）跑道关闭标志

1. 设置位置与要求

永久或临时关闭的跑道或其一部分，要至少在两端设置跑道关闭标志，如果关闭的跑道长度大于300m，还应在中间增设关闭标志，使其间距不大于300m。只有当关闭时间短暂且已由空中交通服务部门发出充分的警告时才可免设关闭标志。

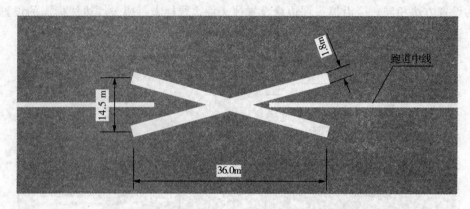

图2-10　跑道关闭标志

2. 颜色、尺寸与构型

跑道关闭标志为白色的"×"，划设在水泥混凝土跑道上的关闭标志宜加黑边，最小尺寸见图2-10。最大尺寸时宽度与关闭的跑道等宽，长度按比例放大。

3. 其他要求

当关闭的跑道与其他可供使用的跑道或滑行道相交时，还应在被关闭跑道的入口处设置间距不超过3m的不适用灯光与标志，防止飞机误入。当跑道因为特殊原因短暂关闭或紧急关闭时，可用易折的路障或使用油漆以外的材料来涂刷跑道关闭标志物或用其他合适的方法来明示该关闭地区，如图2-11所示。

图2-11　跑道暂时关闭标志物

当跑道或其一部分为永久性关闭时，除了设置关闭标志外，还应该涂抹掉其上的其他标志，不得开启其上的助航灯光。

二、滑行道标志线

（一）一般要求

滑行道标志线包括滑行道中线标志、滑行道边线标志、跑道等待位置标志、中间等待位置标志、滑行道道肩标志，特殊情况下还包括滑行道关闭标志。

滑行道上的标志线为黄色，在水泥混凝土道面上加黑边，能够提高其明显度。

在滑行道与服务车道相交处，应显示滑行道的各种标志，不可中断，而服务车道各种标志应改变构型以示警示。

（二）滑行道中线标志

1. 设置位置与要求

滑行道、除冰/防冰设施及机坪滑行通道应设滑行道中线标志，使其足以提供从跑道中线到各机位之间的连续引导。

在滑行道直线段，滑行道中线标志要沿着滑行道的中线设置，在滑行道弯道部分（机位滑行通道除外），滑行道中线标志应使当飞机的驾驶舱保持在滑行道中线标志上时，飞机的外侧主轮与滑行道边缘之间的净距不小于表2-4的规定。

2. 尺寸与构型

滑行道中线标志为不小于0.15m宽的连续黄色实线，水泥混凝土道面上的滑行道中线标志两侧适宜设置不小于0.05m宽的黑边，见图2-12所示。

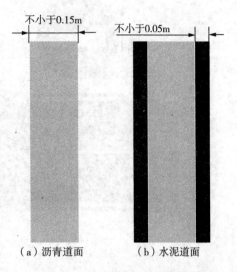

图2-12　滑行道中线标志

3. 其他要求

滑行道中线标志在与跑道等待位置标志、中间等待位置标志及各类跑道标志相交处应中断，中断的滑行道中线标志与上述标志的净距为0.9m（含黑框）。如0.9m间距无法实现时，也可采用0.3m间距，如图2-13所示。

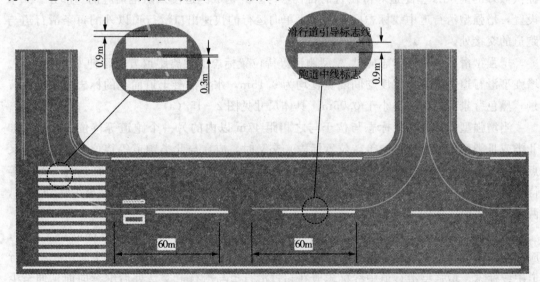

图2-13　跑道与滑行道相交处标志线设置（60m的情况）

作为跑道出口的滑行道（含快速出口滑行道和垂直滑行道），该滑行道中线标志应以曲线形式转向跑道中线标志，并平行（相距0.9m）于跑道中线延伸至超过切点一定距离，此距离在飞行区指标Ⅰ为3或4时应不小于60m，飞行区指标Ⅰ为1或2时应不小于30m，如图2-13和图2-14所示。

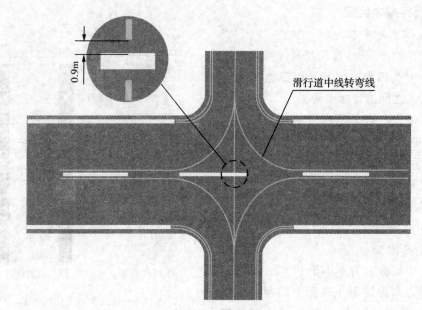

图 2-14   垂直穿越跑道的滑行道中线标志

注：对于仅供穿越跑道的滑行道，中线转弯线不画。

4. 增强型滑行道中线

当机场交通密度为中或高时，在与跑道直接相连的滑行道（单向运行的滑行道除外）上的 A 型跑道等待位置处，应设置增强型滑行道中线标志。该标志的作用是为飞机驾驶员提供额外的确认 A 型跑道等待位置的目视参考，并构成跑道侵入防范措施的一部分。如果设置，增强型滑行道中线标志应设在除了单向运行的快速出口滑行道以外的每条滑行道与跑道的交接处。

增强型滑行道中线标志应从 A 型跑道等待位置标志沿驶离跑道方向延伸 47m 的距离。增强型滑行道中线线条宽度与间隔宽度均为 0.15m，水泥混凝土道面上的标志应设黑色背景，黑色背景的外边宽不小于 0.05m。具体尺寸见图 2-15（a）。

当增强型滑行道中线标志与位于与之相距 47m 以内的另一个跑道等待位置标志（如Ⅱ类或Ⅲ类精密进近跑道的等待位置标志）交叉时，应在与此类跑道等待位置标志的交叉点前后各 0.9m 处中断增强型滑行道中线标志。增强型滑行道中线标志应在超过与跑道等待位置标志的交叉点后继续向前延伸至少 3 个虚线段，或者从起点至终点至少达到 47m，两者取较大值。如图 2-15（b）所示。

当增强型滑行道中线标志穿过位于与之相距 47m 以内的滑行道与滑行道交叉处时，应在交叉的滑行道中线穿越增强型滑行道中线的这一点的前后各 1.5m 处中断增强型滑行道中线标志。增强型滑行道中线标志应在超过滑行道与滑行道交叉处后继续向前延伸至少 3 个虚线段，或者从起点至终点至少达到 47m，两者取较大值。见图 2-15（c）。

当存在两个相对的跑道等待位置标志且其间距小于 94m 时，则增强型滑行道中线标志应贯穿整个距离，并且不应延伸至任一跑道等待位置标志以外。见图 2-15（d）。

如果两条滑行道中线在跑道等待位置标志处或在此之前汇聚，则内侧虚线的长度应不短于 3m。该虚线的开始和结束点与外侧虚线的连线垂直于滑行道中线。见图 2-15（e）。

直线型、曲线型和汇聚型增强型滑行道中线标志如图 2−16 所示。

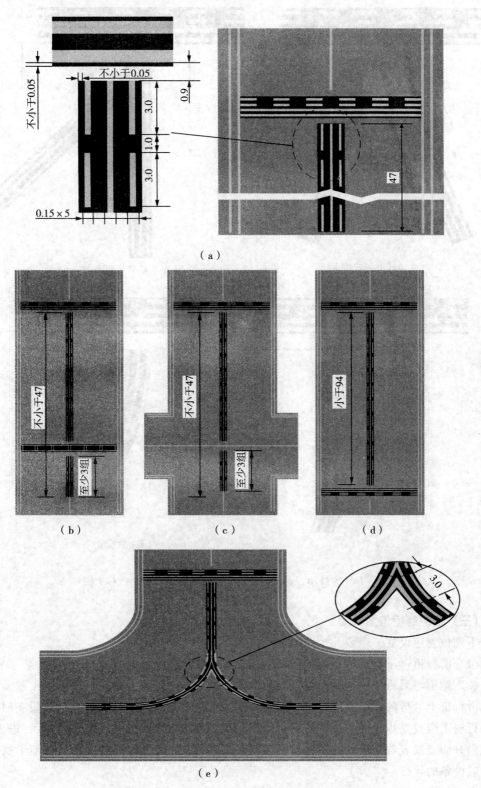

图 2−15　水泥混凝土道面增强型滑行道中线（m）

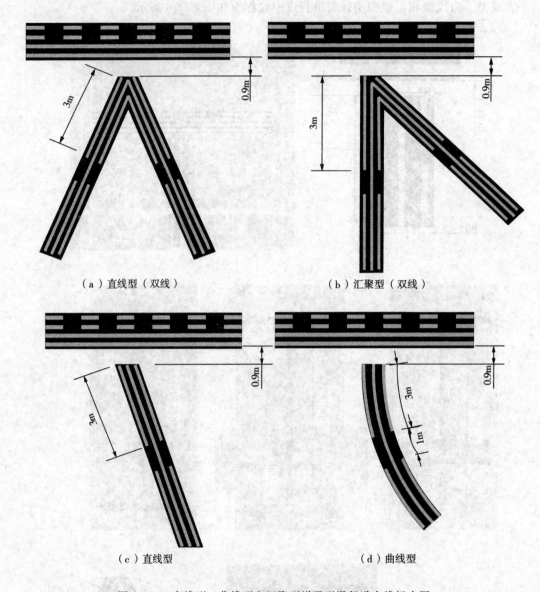

（a）直线型（双线）　　　　　　　　（b）汇聚型（双线）

（c）直线型　　　　　　　　（d）曲线型

图 2-16　直线型、曲线型和汇聚型增强型滑行道中线标志图

（三）跑道等待位置标志

下列位置应设立一个或几个跑道等待位置：

（1）滑行道（不含单向运行的出口滑行道）与跑道相交处；

（2）跑道与另一条跑道相交处，当前者是一条标准滑行路线的一部分时。

滑行道上滑行的航空器或行驶的车辆突出障碍物限制面或干扰无线电助航设备时，在该滑行道上应设立跑道等待位置，确保等待的航空器或车辆不侵犯无障碍物区、进近面、起飞爬升面或仪表着陆系统、微波着陆系统的临界/敏感区等各限制区，并且不干扰无线电助航设备的运行。

1. 设置位置与构型

航空器在跑道等待位置处等待塔台指令，得到许可后方可穿过跑道等待位置标志。在跑道等待位置处必须设置跑道等待位置标志，跑道等待位置与跑道中线之间距离不得过近，间距必须符合表2-5的要求。

表2-5 等待坪、跑道等待位置或道路等待位置距跑道中线的最小间距（m）

跑道运行类型	飞行区指标 I			
	1	2	3	4
非仪表跑道	30	40	75	75
非精密进近跑道	40	40	75	75
I 类精密进近跑道	60[b]	60[b]	90[a,b]	90[a,b,c]
II 类及 III 类精密进近跑道	—	—	90[a,b]	90[a,b,c]
起飞跑道	30	40	75	75

注：①如果等待坪、跑道等待位置或道路等待位置的海拔高度高于跑道入口，则每高出1m距离增加5m；如海拔低于跑道入口，则每低1m距离减少5m，但以不突破内过渡面为准。

②为了避免干扰无线电助航设备，特别是下滑航道和航向设施，需要时应增加距离以避开仪表着陆系统的敏感区。

③飞行区指标 II 为 F 时，该距离应为107.5m。

在滑行道与非仪表跑道、非精密进近跑道或起飞跑道相交处，跑道等待位置标志必须为如图2-17所示的A型。在滑行道与 I 、 II 或 III 类精密进近跑道相交处，如仅设有一个跑道等待位置，则该处的跑道等待位置标志必须为A型；如果设置有多个跑道等待位置，则最靠近跑道的跑道等待位置标志必须为A型，其余离跑道较远的跑道等待位置标志应为图2-17所示的B型。

在跑道与跑道交叉处设置的跑道等待位置标志应垂直于作为标准滑行路线的一部分的跑道的中线。在标准滑行路线不与跑道中线重合的情况下，跑道等待位置标志应垂直于滑行道中线标志。标志必须为A型。

B型跑道等待位置标志的位置由跑道所服务的最大机型以及ILS/MLS的临界/敏感区决定，并且仅当ILS运行时，B型跑道等待位置标志才发挥作用。

2. 其他要求

水泥道面上的跑道等待位置标志应设置黑色背景，黑色背景的外边宽为0.1m。如图2-18所示。

如B型跑道等待位置标志所处地区的宽度大于60m，应在地面划设"CAT II"或"CAT III"等指令性标志。在跑道等待位置标志的两端以及最大相距45m的各点的（中间）地面上。位于跑道等待位置标志以外不超过0.9m处。如图2-19所示。

当B型跑道等待位置标志与A型跑道等待位置标志相距小于15m时，在原来B型跑道等待位置标志处仅设A型跑道等待位置标志即可。

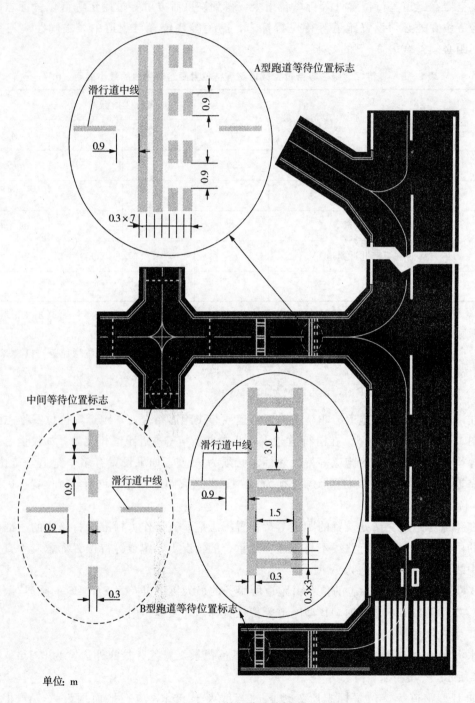

单位：m

图 2-17　滑行道上的标志

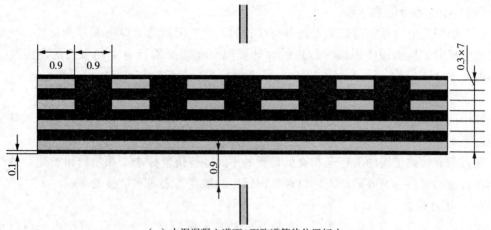

（a）水泥混凝土道面A型跑道等待位置标志

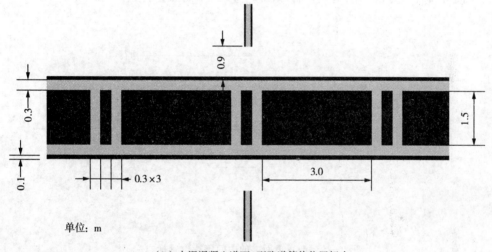

单位：m

（b）水泥混凝土道面B型跑道等待位置标志

图2-18　水泥混凝土道面上的跑道等待位置标志

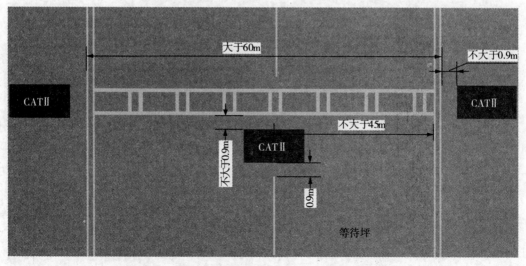

图2-19　B型跑道等待位置标志长度大于60m时增设的指令性标志示意图

（四）中间等待位置标志

当需要限定航空器在滑行道上的等待位置时，应在滑行道上设中间等待位置。确定中间等待位置时，应确保使用该滑行道的设计机型与其相交滑行道上的飞机的净距高于表2-4的要求。

1. 设置位置与要求

在中间等待位置和比邻滑行道的远距除冰/防冰坪的出口边界上应设置中间等待位置标志。

在两条有铺砌道面的滑行道相交处设置的中间等待位置标志必须横跨滑行道，并与相交的滑行道的近边有足够的距离，以保证滑行中的航空器之间有足够的净距。

2. 尺寸与构型

中间等待位置标志要采取如图2-20所示的单条断续线（虚线），位于水泥混凝土道面上的中间等待位置标志周围适宜设置如图2-21所示的黑色背景。

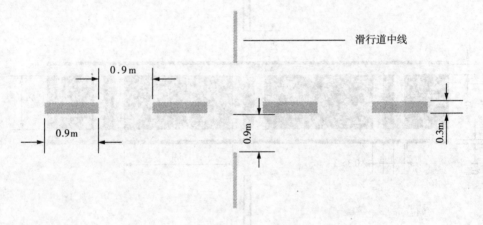

图2-20　沥青道面上的中间等待位置标志

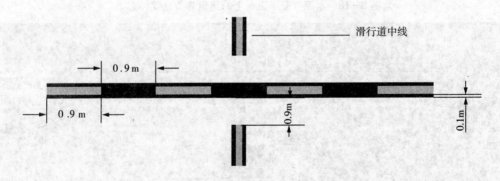

图2-21　水泥道面上的中间等待位置标志

3. 其他要求

当两个相邻的中间等待位置标志距离小于60m时，可仅保留一个中间等待位置标志，并设置于两个相邻的中间等待位置标志的中间处，如图2-22所示。

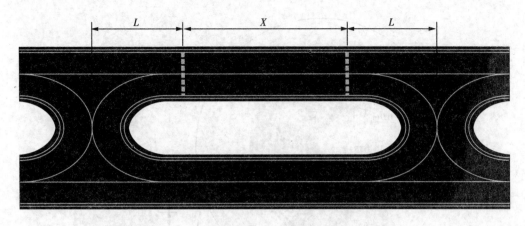

图 2-22　两条相距较近的中间等待位置标志

注：L 为中间等待位置标志到滑行道中线的距离，高于表 2-4 的要求；当 X 小于 60m 时，在两条中间等待位置标志中间划设一条中间等待位置标志，同时，取消这两条中间等待位置标志。

（五）滑行道边线标志

1. 设置位置与要求

所有不易与承重道面区别开来的滑行道、跑道掉头坪、等待坪和停机坪的道肩以及其他非承重道面，如航空器使用这些道面会引起航空器损坏的，均应设置滑行道边线标志。

滑行道边线标志应沿着承重道面的边缘设置，使标志的外缘大致在承重道面的边缘上。

2. 尺寸与构型

滑行道边线标志由一对实线组成，每一线条宽为 0.15m，间距为 0.15m，颜色为黄色，见图 2-23。

（六）滑行道道肩标志

1. 设置位置

在滑行道转弯处，或者其他承重道面与非承重道面需要明确区分处，要在非承重道面上设置滑行道道肩标志。

2. 尺寸与构型

滑行道道肩标志由垂直于滑行边线或滑行边线切线的线条组成。在弯道上，在每一个切点处和沿弯道的各个中间点上应各设一条线条，线条之间的间距应不超过 15m。线条应宽 0.9m，并应延伸至距离经过稳定处理的铺筑面的外边缘 1.5m 处，或长 7.5m，取长度较短者。线条的颜色应为黄色，如图 2-23 所示。

（七）滑行道关闭标志

1. 设置位置与要求

永久或临时关闭的滑行道或其一部分，要在其两端设置滑行道关闭标志，如果关闭的滑行道长度大于 300m，还应在中间增设关闭标志，使其间距不大于 300m。

2. 颜色、尺寸与构型

滑行道关闭标志为黄色的"×"，具体尺寸见图 2-24。

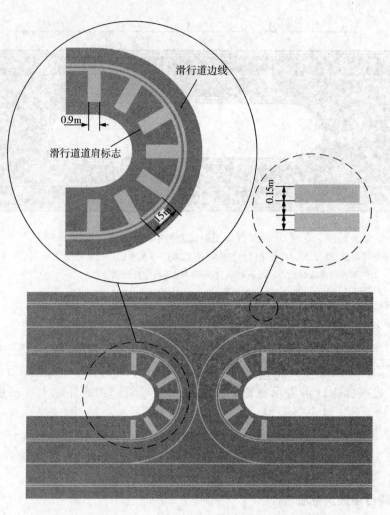

图 2-23 滑行道边线及道肩标志

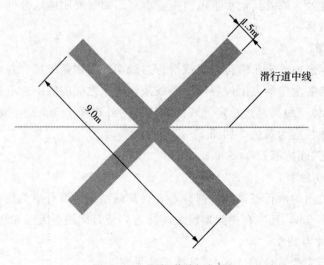

图 2-24 滑行道关闭标志

3. 其他要求

当关闭的滑行道或其一部分与其他可供夜间使用的跑道或滑行道相交时，还应在横贯被关闭地区的入口处设置间距不超过 3m 的不适用灯光与标志，如图 2 - 25 所示。

当滑行道或一部分为永久性关闭时，除了设置关闭标志外，还应该涂抹掉其上的其他滑行道标志，并在夜间不得开启其上的助航灯光。

图 2 - 25　滑行道关闭区域入口的
不适用灯光与标志

三、机坪标志线

（一）一般要求

机坪标志线主要包括飞机机位标志和机坪安全线两大类，每种类型的标志又包含了若干不同功能与构型的具体标志线。机位标志线应为黄色，其他类型机坪标志应该颜色鲜明并与飞机机位标志颜色反差良好。

（二）飞机机位标志

所有铺砌道面的机坪和除冰防冰设施上指定的停放位置都要设置机位标志。按照飞机停放位置的不同，飞机机位标志分为飞机直置式和飞机斜置式机位标志（图 2 - 26）。

要根据机位的构型和其他辅助停机设施的需要设置包括机位识别标志（字母和/或数字）、引入线、转弯开始线、转弯线、对准线、停止线和引出线等在内的机位标志，见图 2 - 26，其中的转弯线、转弯开始线与引出线根据需要设置。

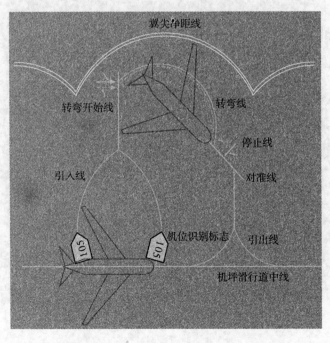

图 2 - 26　飞机斜置式机位标志示意图

机位标志的定位必须能够保证当飞机以前轮沿该标志滑行时保持表2-4和表2-6中规定的安全净距。

表2-6　机坪停放飞机的最小净距（m）

飞行区指标Ⅱ	F	E	D	C	B	A
机坪上停放飞机与在滑行道上滑行的飞机之间的净距	17.5	15	14.5	10.5	9.5	8.75
在机坪滑行通道上滑行的飞机与停放飞机、建筑物之间的净距	10.5	10	10	6.5	4.5	4.5
机坪上停放飞机与另一机位的飞机以及临近的建筑物、其他物体之间的净距	7.5	7.5	7.5	4.5	3	3
停放飞机主起落架外轮与机坪道面边缘的净距	4.5	4.5	4.5	4	2.25	1.5
机坪服务车道边线距停放飞机的净距	3	3	3	3	2	1

有时，为了更加灵活地使用机坪，同一机位上允许重叠为不同机型服务的两套或三套飞机机位标志，包括一条主线和几条辅线。主线为对机位要求最严格的飞机使用，为连续实线，辅线为断续线。同时在每一辅线上的机位识别号码标志的后面分别增加一个识别字母L和R，分别表示位于主线的左侧和右侧。线段长2m，间隔2m，见图2-27。

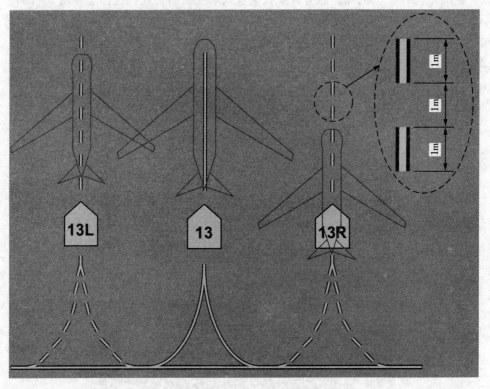

图2-27　组合机位标志线示意图

1. 机位识别标志

机位识别标志（字母和/或数字）应设在引入线起端后一小段距离处。标志的高度要足以确保从使用该机位的飞机驾驶舱内看得清楚。水泥混凝土道面上的机位识别标志应该设置黑色边框，如图 2-28 所示。

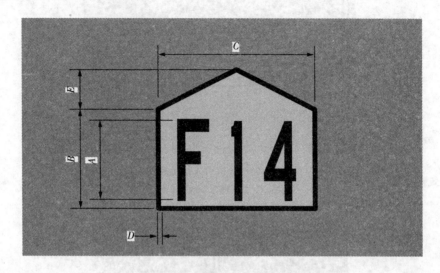

图 2-28　水泥道面上的机位识别标志尺寸

注：A 为 4m，B 为 5m，C 随字符宽度而变，D 为 0.1m，E 为 2m。如果空间受限，A，B，E 可缩小一半。

2. 引入线、转弯线与引出线

引入线、转弯线与引出线为连续实线，线条宽度不小于 0.15m，水泥混凝土道面上的标志需设置不小于 0.05m 的黑边。它们的转弯半径应适应于准备使用这些标志的要求最严格的飞机。

其中，引入线可以分为 A、B、C、D 四种构型，分别见图 2-29、图 2-30、图 2-31 和图 2-32。机场可以根据实际情况选择合适的引入线。

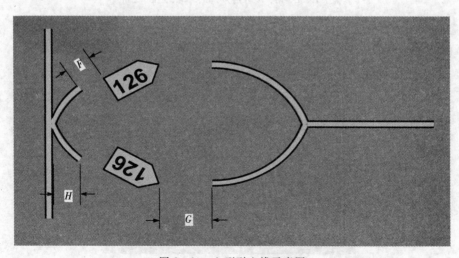

图 2-29　A 型引入线示意图

注：飞机机位识别标志轴线与滑行道或机位滑行通道中线成 45°～75°角，F、H、G 分别为 0.5 m、0.5 m 和 1 m。

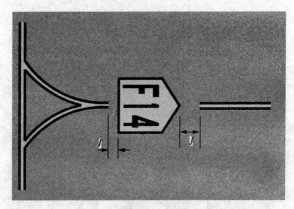

图 2-30 B型引入线示意图

注：I、J分别为1m和2m。

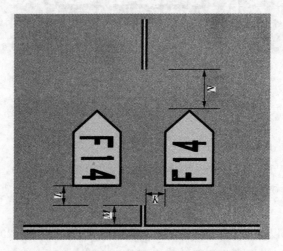

图 2-31 C型引入线示意图

注：K、L、M、N分别为1m、1m、1m、2m。

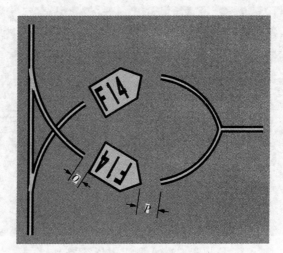

图 2-32 D型引入线示意图

注：O、P分别为0.5m、1m。

开始转弯线设在对正即将开始转弯的飞机左座驾驶员位置，与引入线成直角，长度应不小于6m，宽度应不小于0.15m，并包括一个指明转弯方向的箭头。如果需要一条以上的开始转弯线时，则应对它们分别编码。考虑到驾驶员的视野，开始转弯线与引入线之间应保持一定的距离，该距离因飞机型号而异。

3. 对准线

对准线应设置的与停放在规定位置的飞机的中线延长线相重合，并使其能被正在进行停机操作最后阶段中的驾驶员看得见，其宽度不小于0.15m。

4. 停止线

停止线应设置在拟停放飞机的左侧驾驶员一侧，并与对准线成直角。其长度和宽度应分别不小于2m和0.15m。如果需要一条以上的转弯开始线和/或停止线，应将它们分别编码。

机位停止线旁应该标注停放飞机的机型编码，机型编码的文字方向与航空器停放方向相反，文字采用黄色，水泥混凝土道面上的文字要设置黑色背景，字高0.2～0.3m，字符宽度按照信息标志的比例缩小，见图2-33。

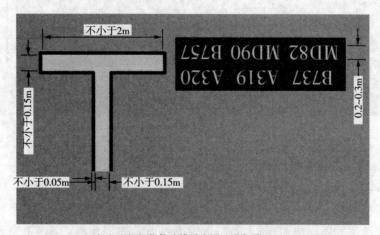

（a）飞机机位停止线示意图（浅色道面）

（b）飞机机位停止线示意图（深色道面）（尺寸与图（a）中的一样）

图2-33 机位停止线示意图

飞机自滑进出且没有引导员引导的机位停止线，停止线标志按图2-34所示进行划

设。如果不同机型有不同的停止线，则在相应的停止线处标注适用飞机编码，如"B737"；如果空间受限，可利用字母或数字标示，代表对应的机型。

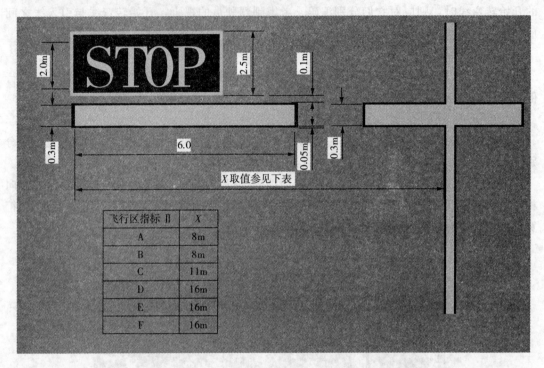

飞行区指标 Ⅱ	X
A	8m
B	8m
C	11m
D	16m
E	16m
F	16m

图 2-34　飞机自滑进出机位且无引导员引导的机位停止线示意图（适用多种机型）

5. 飞机推出线和推出等待点

如果运行需要，在需要严格限制飞机推出路线和等待滑行位置的区域，可设置飞机推出线和推出等待点。飞机推出线是提供地面勤务人员使用的地面标志，为 0.15m 宽的白色虚线，线段长度和间隔均为 1m。等待点为飞机前轮的停止点，设置在靠近滑行道的飞机推出线端点，垂直于推出线方向，为长 1m 的白色实线，如图 2-35 所示。

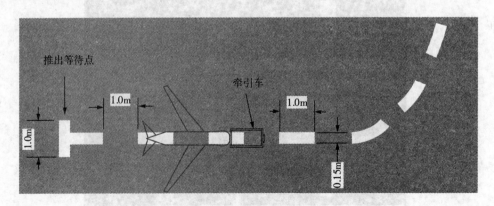

图 2-35　飞机推出线和推出等待点示意图

（三）机坪安全线

在有铺砌道面的机坪上应根据航空器停放的布局和地面设施和/或车辆的需要设置机

坪安全线，包括机位安全线、翼尖净距线、廊桥活动区标志线、服务车道边界线、行人步道线、设备和车辆停放区边界线以及各类栓井标志等。机位安全线、廊桥活动区标志线和各类栓井标志为红色，其他机坪安全线（包括标注的文字符号）均应为白色。

机坪安全线的位置应能保证航空器在进出机位过程中对停放的地面设施、车辆和行人符合表2-6规定的安全净距。

1. 机位安全线

在有铺筑面的机坪上要根据飞机停放布局和地面设施的需要设置机位安全线。机位安全线应根据在此机位停放的最大飞机机型划设，其尺寸应考虑喷气发动机附近构成的安全区域因素，设置时要符合表2-6中规定的停放的飞机与相邻机位的飞机以及物体之间的净距要求。

机位安全线是设置在飞机的机头、机身以及机翼两侧的多段、非闭合直线，红色，最小宽度为0.1m。

机位安全线可以是实线或者虚线，相邻飞机的机位安全线存在交叉时，交叉部分的机位安全线应为虚线，虚线内部由45°倾斜的等距平行红色直线段填充，线段宽0.1m，红线间净距2m。自滑进、顶推出的机位安全线除上述交叉部位为虚线外，其余均为实线，见图2-36和图2-37。

自滑进出的机位安全线由实线和虚线组成，自滑进出的机位安全线与翼尖净距线或服务车道边线所勾勒的封闭区域，仅供保障该机位飞机的服务车辆及设备的临时停放使用，保障工作完成以后应尽快清空以保证飞机安全滑出，见图2-38和图2-39。

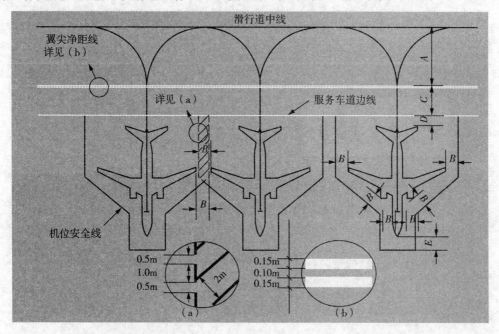

图2-36 自滑进、顶推出机位安全线示意图（有服务车道）

注：A为滑行道或机位滑行通道中线到翼尖净距线的距离，满足表2-4的距离；B为飞机与相邻飞机及其他物体的净距，满足表2-6的要求；C为服务车道宽度；D为服务车道边线距停放飞机的净距，满足表2-6的要求；E为机头的安全净距，满足表2-6的要求。

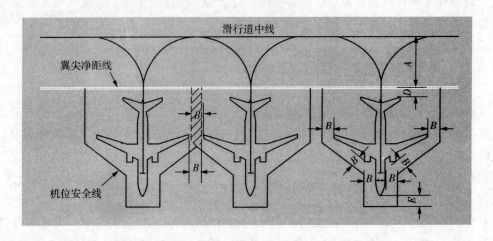

图 2-37　自滑进、顶推出机位安全线和翼尖净距线示意图（无服务车道）

注：A 为滑行道或机位滑行通道中线到翼尖净距线的距离，满足表 2-4 的要求；B 为飞机与相邻飞机及其他物体的净距，满足表 2-6 的要求；D 为翼尖净距线距停放飞机的净距，满足表 2-6 的要求；E 为机头的安全净距，满足表 2-6 的要求。

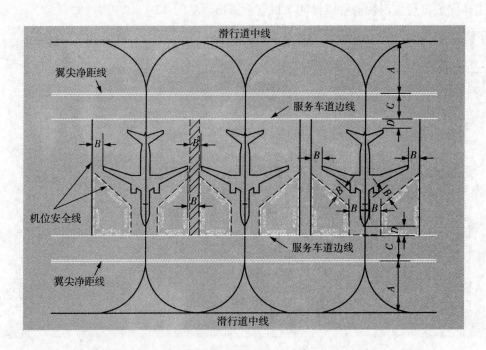

图 2-38　自滑进出机位的机位安全线示意图（有服务车道）

注：A 为滑行道或机位滑行通道中线到翼尖净距线的距离，满足表 2-4 的要求；B 为飞机与相邻飞机及其他物体的净距，满足表 2-6 的要求；C 为服务车道宽度；D 为服务车道边线距停放飞机的净距，满足表 2-6 的要求。

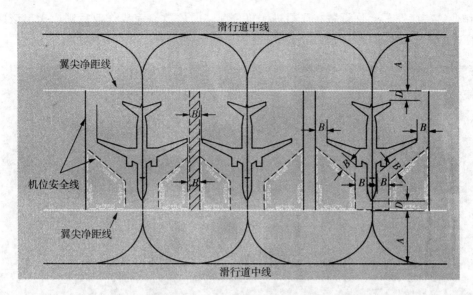

图 2-39　自滑进出机位的机位安全线和翼尖净距线示意图（无服务车道）

注：A 为滑行道或机位滑行通道中线到翼尖净距线的距离，满足表 2-4 的要求；B 为飞机与相邻飞机及物体的净距，满足表 2-6 的要求；D 为服务车道边线距停放飞机的净距，满足表 2-6 的要求。

2. 翼尖净距线

为减少服务车辆、保障设备以及作业人员等对滑行飞机的干扰，保证机坪滑行道上飞机的运行安全，应设置翼尖净。设置时，应符合表 2-4 中滑行道中线或机位滑行通道中线与物体的净距要求。翼尖净距线为宽 0.15m 的白色连续双实线，间距 0.1m。

3. 机坪设备停放区域标志

设备停放区域标志包括轮挡放置区标志、作业等待区标志、廊桥活动区标志、特种车辆停车位标志等多种标志。如果有需要，其内需标注白色黑体字体的文字符号。

（1）轮挡放置区标志

机坪上需要划设专门的轮挡放置区，并将该区域明确标注出来。轮挡放置区标志文字方向应与飞机停放方向相反。轮挡放置区为边长 1m 的正方形，边框为 0.15m 宽的白色实线，方框内标注"轮挡"字符，字高 0.4m，如图 2-40 所示。

图 2-40　轮挡摆放区标志

（2）作业等待区标志

机坪上划设作业等待区用以规范飞机入位前各类作业设备的等待停放位置。作业等待区分"常规作业等待区"和"临时作业等待区"两种形式，如图 2-41 所示。"常规作业等待区"允许设备在飞机进、出机位期间持续停放，通常用于"自滑进、顶推出"机位；

"临时作业等待区"只允许设备在飞机进入机位前临时停放，完成作业后则应撤出该区域，以允许飞机从该区域通过，通常用于"自滑进出"机位。

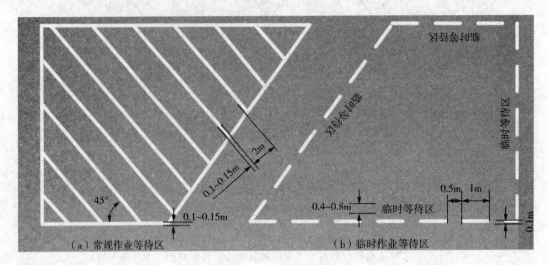

图 2-41　作业等待区标志

（3）廊桥活动区标志

廊桥活动区标志用于标注廊桥停放及活动时所经过的区域，形状及范围根据实际情况确定，标志由廊桥驱动轮回位点和活动区两部分组成。该区域四周为 0.1～0.15m 宽的红色实线，内部标志由 45°倾斜的等距平行红色直线段组成，线段宽为 0.1～0.15m，红线间净距为 2m。廊桥驱动轮回位点使用空心圆并涂成白色以提高对比度，圆圈直径为 3m，其基本形式如图 2-42 所示。其他机坪安全线与廊桥活动区相交时，其他机坪安全线应断开，廊桥活动区标志应连续。

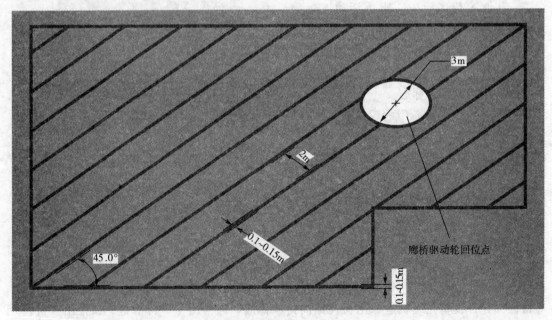

图 2-42　廊桥活动区标志

（4）设备摆放区标志

设备摆放区标志用以标注摆放各类高度小于 1.5m 的小型设备的区域，包括氮气瓶、千斤顶、小型工作梯、放水设备、非动力电源车等。该区域标志为白色矩形框，长宽根据实际需求确定，区域内包含一个及以上的"设备区"字样，如图 2-43 所示。

图 2-43 设备摆放区标志

（5）特种车辆停车位标志

特种车辆停车位标志为白色矩形，矩形大小根据需要摆放的车辆大小确定，矩形内一般标注"××车专用位"字样。如果对车辆停车方向有特殊要求，可增设停车方向指引标志，如图 2-44 所示。矩形尺寸参考表 2-7。

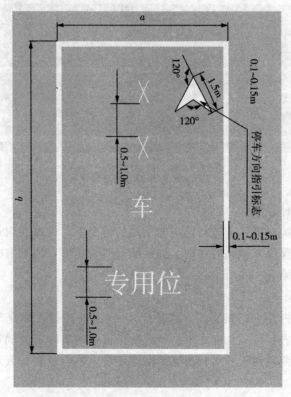

图 2-44 适用多种设备停放的固定停放区

表 2-7 特种车辆停车位参考尺寸

车位名称	尺寸（$a \times b$）	是否专用
传送带车位	3m×10m	是
拖车位	4m×10m	是
摆渡车位	4.5m×14m	是
机位区域通用保障车位	4m×10m	否

（6）集装箱、托盘摆放区标志

集装箱、托盘摆放区标志用于标注供托盘及集装箱长期停放的区域。该区域标志为矩形，内部有平行于一对外边的等距线段。集装箱、托盘摆放区标志的位置、形状及尺寸以机场实际情况为准，如图 2-45 所示。

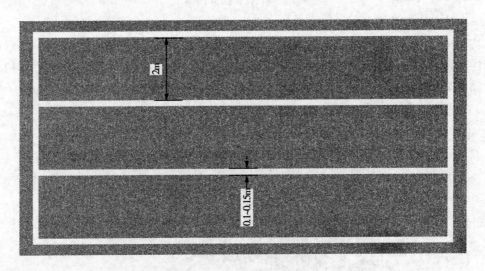

图 2-45 集装箱、托盘摆放区标志

（7）车辆中转区标志

在机位区域附近的保障作业等待区空间不足的情况下，可以在附近机坪寻找适合位置设置车辆中转区，供保障车辆临时停放。该区域一般为矩形，内部有一处或多处"车辆中转区"文字标注，如图 2-46 所示。

4. 行人步道标志

行人步道标志为白色平行粗实线（斑马线），表示准许行人横穿车行道的标志线。行人步道标志的设置位置和线条长度要根据行人横穿道路的实际需要确定。在视距受到限制的路段及急弯陡坡等危险路段和车行道宽度渐变路段，不得设置行人步道标志，具体构型与尺寸见图 2-47。

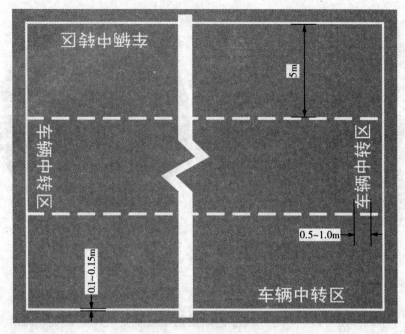

图 2-46 车辆中转区标志

图 2-47 行人步道线标志

5. 栓井标志

在机坪上为了安全起见，各类栓井要用适当的标志予以标示，以防止航空器或车辆从其上碾压。

消防栓井标志采用正方形、边长为消防栓井直径加 0.4m。正方形内除了井盖外均涂成红色，见图 2-48。栓井标志外 0.2m 的范围内要涂设栓井编号，编号根据机场情况自行决定。

除了消防栓井标志外，其他如下水井、燃油井等栓井标志采用红色圆圈标示，圆圈外径为栓井直径加 0.4m，圆圈宽为 0.2m，见图 2-49 所示。栓井标志外 0.2m 的范围内要涂设栓井编号，编号根据机场情况自行决定。

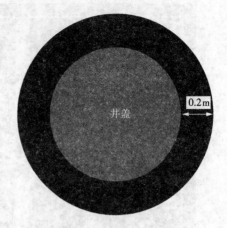

图 2-48 机坪上消防栓井标志   图 2-49 机坪上其他栓井标志

四、道路标志

机坪服务车道标志为白色,除了按照国家道路交通规则的规定设置导向箭头标志、减速让行标志等各类一般道路交通标志线外,还包括机场特有的道路等待位置标志、穿越滑行道服务车道边线标志及限速标志。

(一)道路等待位置标志

在所有进入跑道的道路处、行车道与滑行道交叉处必须横跨道路设置道路等待位置标志。道路等待位置标志包括停止线及"停"字,字高 2.5m,宽 1m。为突出显示该位置,文字可设红色背景,如图 2-50 所示。

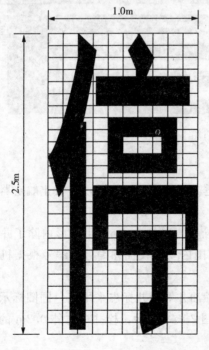

图 2-50 道路等待位置处的文字尺寸

进入跑道的道路等待位置标志要设置在跑道导航设施敏感区以外，与滑行道相交的道路，其道路等待位置标志距离滑行道中线距离应满足表2-8中的最小间距。

表2-8 道路等待位置标志与滑行道中线的最小距离（m）

飞行区指标Ⅱ	行车道停止线与滑行道中线距离	行车道停止线距机坪滑行通道中线
A	16.25	12
B	21.5	16.5
C	26	24.5
D	40.5	36
E	47.5	42.5
F	57.5	50.5

（二）穿越滑行道的服务车道边线标志

穿越滑行道的服务车道边线采用交错布置的白色标志线，白色标志线长为0.5～1.0m，宽为0.15m，交错布置，见图2-51。停车线处要设置地面反光设施。

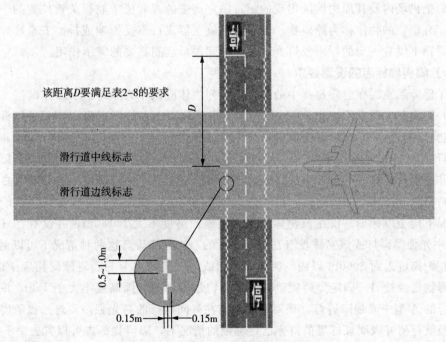

图2-51 穿越滑行道的服务道边线标志

（三）限速标志

在进入机坪服务车道入口20m内宜设置限速标志，以后限速标志间隔300～500m设置。限速标志为圆形，直径不小于1.5m，白底黑字，字符高度为1m，外边为宽0.15m的红色圆圈，如图2-52所示。

图 2-52 限速标志

五、障碍物标志

我们把机场内及其周边地区出现的超过一定高度的或者位于航行关键位置的一般物体或带电、有辐射的物体称为障碍物。为了保证航空器飞行不受影响或提高安全度，需要在这些障碍物上设置一定的标志及灯光，从而对驾驶员起到必要的警示作用。

（一）障碍物标志的设置要求

为了保障航空器在起降过程中的安全，下列物体应该作为障碍物予以标识：

（1）距离起飞爬升面内边 300m 以内、突出于该面之上的固定障碍物要予以标识。在该障碍物已经被另一固定障碍物遮蔽，该障碍物超出周围地面高度不大于 150m 并设有在昼间运行的 A 型中光强障碍灯，该障碍物设有在昼间运行的高光强障碍灯以及该障碍物为一灯塔并经航行研究表明该灯塔的灯光已足够强的情况下，则障碍物标志可以省去。

（2）临近起飞爬升面的物体，虽然尚未构成障碍物，在认为有必要保证飞机能够避开它的情况下应予以标识。仅在该物体超出周围地面高度不大于 150m，并设有在昼间运行的 A 型中光强障碍灯或该物体设有在昼间运行的高光强障碍灯这两种情况下可以例外。

（3）距离进近面 3000m 以内、突出于该面或内过渡面之上的固定障碍物应予以标识。在该障碍物已经被另一固定障碍物遮蔽，障碍物超出周围地面高度不大于 150m 并设有在昼间运行的 A 型中光强障碍灯，该障碍物设有在昼间运行的高光强障碍灯，该障碍物为一灯塔并经航行研究表明该灯塔的灯光已足够强的情况下，障碍物标志可以省去。

（4）突出于水平面之上的固定障碍物必须予以标识。在该障碍物已经被另一固定障碍物遮蔽，障碍物超出周围地面高度不大于 150m 并设有在昼间运行的 A 型中光强障碍灯，该障碍物设有在昼间运行的高光强障碍灯，该障碍物为一灯塔并经航行研究表明该灯塔的灯光已足够强，对于由不可移去的物体或地形构成的大片障碍物范围，已经制定能保证规定的航道的安全垂直净距的飞行程序或经航行研究表明该障碍物对航行无关紧要等情况下，障碍物标志可以省去。

（5）突出于障碍物保护面之上的固定物体应予以标识。

（6）在飞机活动区内，所有车辆和移动物体除飞机外均为障碍物，必须予以标识。只有仅在机坪上使用的飞机维修设备和车辆可以例外。

（7）在飞机活动区内的立式航空地面灯必须予以标识。

（8）表 2-4 中规定的滑行道或机坪滑行通道中线距离物体最小距离之间的所有障碍物必须予以标志。

（9）在障碍物限制面范围以外的地区内，超出周围地面高度 150m 的障碍物，如经专门的航行研究认为已经构成对飞机危害时，应予以标识；但如该障碍物设有在昼间运行的高光强障碍灯时，则该标志可以省去。

（10）横跨河流、山谷或公路的架空电线或电缆等，如经航行研究认为这些电线或电缆可能构成对飞机危害时，对其以及其支持杆塔应予以标识；但在杆塔设有在昼间运行的高光强障碍灯时，则可将标志略去。

（11）在已经确定应予以标识的架空电线或电缆等上设置标志物不可行时，应在其支持杆塔上设置在昼间运行的 B 型高光强障碍灯。

（二）固定障碍物标志的颜色、尺寸与构型

上述所有应予以标识的固定物体，只要实际可行，应首先考虑用颜色划设标志；如不可行，才考虑在物体上或物体上方展示标志物。如果该物体的形状、大小和颜色已经足够明显，则无须再加标志。

表面上基本不间断的、在任一垂直面上投影的高度和宽度均等于或超过 4.5m 的物体，应使用颜色将其涂成棋盘格式。棋盘格式应由每边不小于 1.5m、不大于 3m 的长方形组成，棋盘角隅处用较深的颜色。棋盘格的颜色应互相反差鲜明，并应与看到它时的环境背景反差鲜明。应采用橙色与白色相间或红色与白色相间的颜色；仅当与环境背景反差不明显时，才可用其他颜色。如图 2-53 所示为棋盘格的基本形式。

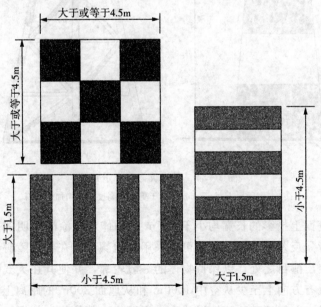

图 2-53 固定障碍物基本标志形式

对于表面基本不间断，且其一边（水平或垂直）大于 1.5m，而另一边（水平或垂直）小于 4.5m 的物体，或其一水平边或一垂直边的尺寸大于 1.5m 的骨架式物体，色带应垂直于长边，其宽度为长边的 1/7 或 30m，取其小值，也可按照表 2-9 中确定的标志色带的宽度。色带的颜色应与看到它时周围的背景形成反差，一般采用橙色与白色，仅当与环境背景反差不明显时，才可采用其他颜色。物体的端部色带应为较深的颜色，如图 2-54 所示。

表 2-9 标志色带的宽度

最长边的尺寸（m）		色带宽度
大于	不超过	
1.5	210	最长边的 1/7
210	270	最长边的 1/9
270	330	最长边的 1/11
330	390	最长边的 1/13
390	450	最长边的 1/15
450	510	最长边的 1/17
510	570	最长边的 1/19
570	630	最长边的 1/21

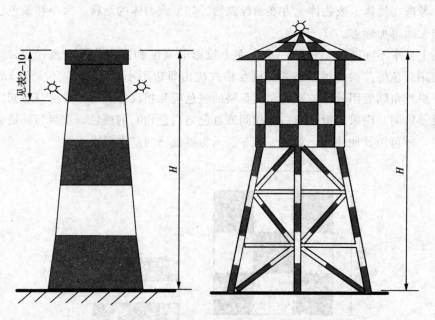

图 2-54 高构筑物标志示意图

注：上例所示 H 小于 45m，对于更大的高度必须增加中间灯。

在任意一垂直面上投影的长宽均小于 1.5m 的物体，应涂满鲜明的单色，采用橙色或红色，仅当环境背景反差不明显时，才可以采用其他颜色；在构成障碍物的物体上层展示的标志物应位于突出醒目之处，以保持物体的一般轮廓，并使其在天气晴朗时，在飞机有可能向其接近的所有方向上至少从空中 1000m 和从地面 300m 的距离上能够识别出来。标志物的形状要醒目，并保证其不致被误认为是用以传达其他信息的标志，也不应增大所标识的物体的危害性。

架空电线、电缆等上的标志物应为球形，直径不小于 60cm；标志物与杆塔或两个相邻标志物之间的间距，应与标志物的直径相适应，但在任何情况下不大于表 2 - 10 中的规定；当涉及多条电线电缆时，标志物应设在所标识的电线电缆的最高层上。

每个标志物应为单一颜色，但当装设在架空电线电缆等之上时应为白色与橙色或白色与红色相间；所选颜色应与观察时的周围背景形成反差。

表 2 - 10   不同直径标志物的最大间距

标志物直径（cm）	允许的相邻标志物之间或标志物与杆塔之间的最大间距（cm）
60	30
70	32.5
80	35
100	37
115	38.5
130	40

（三）移动障碍物标志的设置要求

所有应设标志的可移动物体应涂色或展示旗帜。当用颜色标识可移动物体时，应采用醒目的单色。应急车辆应为红色，勤务车辆应为黄色。

用以标志物体的旗帜应展示在物体的顶部或最高边缘的四周。旗帜应不增大其所标识物体产生的危害。旗帜的每一边应不小于 0.9m，且应为不同颜色的棋盘格式，每个方格的边长不小于 0.3m。棋盘格式标志的颜色应相互反差鲜明，并与看到它们时的背景反差鲜明。最好采用橙色与白色相间或红色与白色相间的颜色，除非它们与背景颜色近似。

六、其他标志

除了上述标志以外，机坪上用来盛装外来物（FOD）的垃圾桶上，应涂刷标志，如图 2 - 55 所示。在服务车道与滑行道或者机位滑行通道相交处，为了防止飞机尾流吹蚀，可设置飞机喷气尾流吹袭标志或标牌，见图 2 - 56。

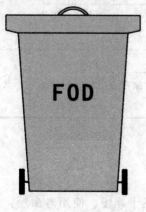

图 2 - 55   FOD 桶标志

（a）小心"穿越航空器"   （b）飞机尾流喷蚀标志

图 2 - 56   穿越滑行道的服务车道上的警示标志

第二节 标志线划设

一、标线涂料

进行道面标志的划设或涂刷，首先要选择各项质量指标符合要求的油漆，从根本上保证标志的施工质量，确保航班安全运行。

（一）涂料类型

目前使用的各种交通标线涂料有液态溶剂型、双组分、水性和固态热熔型四大类，适用于公路、城市道路、机场、港口、厂矿等地区划设标志线所用，具体见表 2-11 所示。

机场道面标志线一般采用丙烯酸马路划线漆和环氧马路划线漆这两种化学成分的油漆。

表 2-11 路面标线涂料分类

型号	规格	玻璃珠含量和使用方法	状态
溶剂型	普通型	涂料中不含玻璃珠，施工时也不撒布玻璃珠	液态
	反光型	涂料中不含玻璃珠，施工时涂布涂层后立即将玻璃珠撒布在其表面	
热熔型	普通型	涂料中不含玻璃珠，施工时也不撒布玻璃珠	固态
	反光型	涂料中不含（或含 18%～25%）的玻璃珠*，施工时涂布涂层后立即将玻璃珠撒布在其表面	
	突起型	涂料中含 18%～25%的玻璃珠*，施工时涂布涂层后立即将玻璃珠撒布在其表面	
双组分	普通型	涂料中不含玻璃珠，施工时也不撒布玻璃珠	液态
	反光型	涂料中不含（或含 18%～25%）玻璃珠，施工时涂布涂层后立即将玻璃珠撒布在其表面	
	突起型	涂料中含 18%～25%的玻璃珠，施工时涂布涂层后立即将玻璃珠撒布在其表面	
水性	普通型	涂料中不含玻璃珠，施工时也不撒布玻璃珠	液态
	反光型	涂料中不含（或含 18%～25%）玻璃珠，施工时涂布涂层后立即将玻璃珠撒布在其表面	

注：* 指底漆中是否含有一定含量的玻璃微珠。

（二）涂料技术性能

1. 溶剂型涂料

溶剂型道路标线涂料属于传统型标线涂料，这种涂料虽然干燥慢、使用寿命短，但其成本较低，在我国城市道路中广泛使用。具体性能要求见表 2-12 所列。

表 2-12 溶剂型道路标线涂料的性能要求

项目		溶剂型	
		普通型	反光型
容器中状态		应无结块、结皮现象，易于搅匀	
黏度		≥100（涂 4 杯，S）	80～120（KU 值）
密度（g/cm³）		≥1.2	≥1.3
施工性能		空气或无空气喷涂（或刮涂）施工性能良好	
加热稳定性		—	应无结块、结皮现象， 易于搅匀，KU 值不小于 140
涂膜外观		干燥后，应无发皱、泛花、起泡、开裂、黏胎等现象， 涂料颜色和外观与标准差异不大	
不黏胎干燥时间（min）		≤15	≤10
遮盖率（%）	白色	≥95	
	黄色	≥80	
色度性能 （45°/0°）	白色	涂料的色品坐标和亮度因数要符合表 2-17 和图 2-57 中的范围	
	黄色		
耐磨性（mg） （200 转/1000g 后减重）		≤40（JM-100 橡胶砂轮）	
耐水性		在水中浸 24h 应无异常现象	
耐碱性		在氧化钙饱和溶液中浸 24h 应无异常	
附着性（划圈法）		≤4 级	
柔韧性（mm）		5	
固体含量（%）		≥60	≥65

2. 热熔型涂料

热熔型道路标线涂料的特点是干燥快、涂膜厚、使用寿命长、反光持续性好，目前在我国高等级公路中使用占统治地位。具体性能要求见表 2-13 所列。

表 2-13 热熔型道路标线涂料的性能要求

项目		热熔型		
		普通型	反光型	突起型
密度（g/cm³）		1.8～2.3		
软化点（℃）		90～125		≥100
涂膜外观		干燥后，应无皱纹、斑点、起泡、裂纹、脱落、黏胎等现象，涂料 颜色与外观与标准差异不大		
不黏胎干燥时间（min）		≤3		
色度性能 （45°/0°）	白色	涂料的色品坐标和亮度因数要符合表 2-17 和图 2-57 中的范围		
	黄色			
抗压强度（MPa）		≥12		23℃±1℃时，≥12 50℃±2℃时，≥2

（续表）

项目	热熔型		
	普通型	反光型	突起型
耐磨性（mg）（200 转/1000g 后减重）	≤80（JM-100 橡胶砂轮）		—
耐水性	在水中浸 24h 应无异常现象		
耐碱性	在氧化钙饱和溶液中浸 24h 应无异常		
玻璃珠含量（%）	—		18～25
流动性（s）	35±10		—
涂层低温抗裂性	−10℃保持 4h，室温放置 4h 为 1 个循环，连续做 3 个循环后应无裂纹		
加热稳定性	200℃～220℃在搅拌状态下保持 4h，应无明显泛黄、焦化、结块等现象		
人工加速耐候性	经人工加速耐候性试验后，试板涂层不产生龟裂、剥落；允许轻微粉化和变色，但色品坐标要符合表 2-17 和图 2-57 中的范围，亮度因数变化范围应不大于原样板亮度因数的 20%		

3. 双组分涂料

双组分道路标线涂料具有良好的抗滑和耐磨性能，使用寿命长、反光效果好，不易产生低温断裂、高温软化且不易老化，其性能非常稳定。具体性能要求，见表 2-14 所列。

表 2-14　双组分道路标线涂料的性能要求

项目		双组分		
		普通型	反光型	突起型
容器中的状态		应无结块、结皮现象，易于搅匀		
密度（g/cm³）		1.5～2.0		
施工性能		按生产厂家的要求，将 A、B 组分按一定比例混合搅拌均匀后，喷涂、刮涂施工性能良好		
涂膜外观		涂膜固化后，应无皱纹、斑点、起泡、裂纹、脱落、黏胎等现象，涂料颜色和外观与标准差异不大		
不黏胎干燥时间（min）		≤35		
色度性能（45°/0°）	白色	涂料的色品坐标和亮度因数要符合表 2-17 和图 2-57 中的范围		
	黄色			
耐磨性（mg）（200 转/1000g 后减重）		≤40（JM-100 橡胶砂轮）		
耐水性		在水中浸 24h 应无异常现象		
耐碱性		在氧化钙饱和溶液中浸 24h 应无异常		

（续表）

项目	双组分		
	普通型	反光型	突起型
附着性（划圈法）	≤4 级（不含玻璃珠）	—	—
柔韧性（mm）	5（不含玻璃珠）	—	—
玻璃珠含量（%）		18～25	18～25
人工加速耐候性	经人工加速耐候性试验后，试板涂层不产生龟裂、剥落；允许轻微粉化和变色，但色品坐标要符合表 2-17 和图 2-57 中的范围，亮度因数变化范围应不大于原样板亮度因数的 20%		

4. 水性涂料

水性道路标线涂料具有环保、干燥快、涂膜厚等优点，目前存在的问题是对沥青道面的黏结力及耐水性较差。我国有关厂商引进国外水性标线材料，在应用过程中未得到满意的效果，因此水性涂料在我国还处于开发和试应用阶段。具体性能要求见表 2-15 所列。

表 2-15 水性道路标线涂料的性能要求

项目		水性	
		普通型	反光型
容器中状态		应无结块、结皮现象，易于搅匀	
黏度		≥70（KU 值）	80～120（KU 值）
密度（g/cm³）		≥1.4	≥1.6
施工性能		空气或无空气喷涂（或刮涂）施工性能良好	
涂膜外观		应无发皱、泛花、起泡、开裂、黏胎等现象，涂料颜色和外观与标准差异不大	
不黏胎干燥时间（min）		≤15	≤10
遮盖率（%）	白色	≥95	
	黄色	≥80	
色度性能（45°/0°）	白色	涂料的色品坐标和亮度因数要符合表 2-17 和图 2-57 中的范围	
	黄色		
耐磨性（mg）（200 转/1000g 后减重）		≤40（JM-100 橡胶砂轮）	
耐水性		在水中浸 24h 应无异常现象	
耐碱性		在氧化钙饱和溶液中浸 24h 应无异常	
冻融稳定性		在 -5℃±2℃ 条件下放置 18h 后，立即置于 23℃±2℃ 条件下放置 6h 为 1 个周期，3 个周期后，应无结块、结皮现象，易于搅匀	
早期耐水性		在温度为 23℃±2℃、湿度为 90%±3% 的条件下，实干时间 ≤120min	
附着性（划圈法）		≤5 级	—
固体含量（%）		≥70	≥75

5. 玻璃珠性能

路面标线用玻璃珠由钠钙硅酸盐玻璃制造,可以分为表面铺撒玻璃珠和预混玻璃珠两大类型。根据玻璃珠用途按照粒径由大到小可将玻璃珠分为1号、2号和3号玻璃珠,分别用于热熔型涂料面撒珠、热熔型涂料预混珠和常温溶剂型涂料面撒珠。具体性能要求见表2-16所列。

表2-16 路面标线用玻璃珠性能要求

性能指标	相关要求
容器中状态	应为无色松散球状颗粒,清洁无杂物,不含崩散结块物
外观条件	为无色透明球体、光洁圆整,玻璃球内无明显气泡或杂质
粒径分布	不同型号玻璃珠组中不同粒径玻璃珠应符合含量要求
成圆率	有缺陷的颗粒含量(不圆、失透、有气泡、含杂质)不大于30%;其中粒径在850~600μm范围内玻璃珠的成圆率不应小于60%
密度	2.4~2.6g/cm³
折射率	≥1.5
耐水性	1号或2号珠所用0.01mol/L盐酸在10mL以下;3号珠在15mL以下
磁性颗粒含量	≤0.1%

6. 涂料色度性能

路面标线涂料色度性能要符合相关技术标准,其色品坐标和亮度因数则要符合表2-17和图2-57中规定的范围。

表2-17 普通材料和逆反射材料的各角点色品坐标和亮度因数

颜色			用角点的色品坐标来决定可使用的颜色范围 (光源:标准光源 D_{65};照明和观测几何条件:45°/0°)				亮度因数
		坐标	1	2	3	4	
普通 材料色	白	X	0.350	0.300	0.290	0.340	≥0.75
		Y	0.360	0.310	0.320	0.370	
	黄	X	0.519	0.468	0.427	0.465	≥0.45
		Y	0.480	0.442	0.483	0.534	
逆反射 材料色	白	X	0.350	0.300	0.290	0.340	≥0.35
		Y	0.360	0.310	0.320	0.370	
	黄	X	0.545	0.487	0.427	0.465	≥0.27
		Y	0.454	0.423	0.483	0.534	

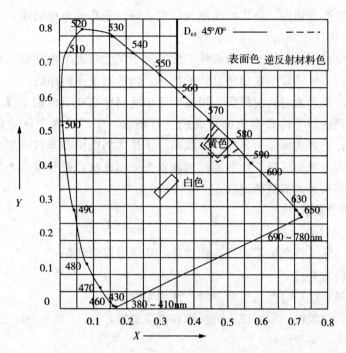

图 2-57 普通材料和逆反射材料的颜色范围

(三)涂料的包装、运输与存储

1. 包装

溶剂型、双组分、水性涂料产品应存放在清洁、干燥、施工方便的带盖大开口塑料或金属容器中。热熔型涂料产品则要存放在内衬密封塑料袋外加编织袋的双层包装袋中，袋口封闭要严密。

2. 运输

产品在运输时要防止雨淋、日光曝晒，并应符合运输部门的有关规定。

3. 储存

产品存放时要保持通风、干燥，防止日光直接照射，并要隔绝火源，夏季高温时应设法降温，水性涂料产品存放时温度不得低于0℃。超过储存期的涂料应检验各项技术指标，符合要求的可继续使用。

二、标志线施工工艺与方法

(一)施工工艺

施工前首先清扫道面，除净浮灰、砂石、油脂、油类、水泥浆或其他能够降低涂料与道面黏结力的异物，保证涂料对道面的附着。清扫完成后，按照施工图纸的尺寸和位置使用测量设备在现场进行放样定线，使用墨斗或白粉划出底线。

如使用常温型涂料，直接将稀释后的油漆涂敷于样线内即可；如为热熔型或加热型涂料，则需先在热熔釜内加热或熔化涂料，然后涂刷底漆，最后涂敷搅拌均匀并保持一定温度的油漆。

如果机场需要夜间使用，还需要在涂敷标线的同时撒布反光玻璃珠。

（二）施工方法

机场标志划设可采用滚涂和喷涂两种方法，对于尺寸较大的地面标志线或物体上的标志一般采用喷涂法；尺寸较小或线条复杂的标志，则适宜使用滚涂法。

滚涂法较为简单，涂料调配好后，用滚刷蘸取涂料涂刷在目标物上或放样线内；喷涂法则是使用划线机或带手持式喷枪的划线机进行划设，喷洒过程中保持较慢且均匀的速度。划线机按照行走方式可分为自行式划线车、手推式划线机和车载式划线机；按照喷洒的溶液不同可分为冷喷划线机、热熔划线机和双组分划线机；按照喷头不同可分为单喷头和双喷头两种，喷头可调节喷洒宽度。

（三）施工质量要求

1. 所选涂料的技术性能要求

选择涂料时，除了符合国家或行业标准外，还应该保证涂料：

（1）有鲜明的效果；

（2）附着力强，经久耐磨，安全防滑，使用寿命长；

（3）有较强的耐候性、耐腐蚀、抗污染和抗变色性；

（4）施工简便，安全性好。

2. 涂料施工温度要求

热熔型涂料在热熔釜内加热时，温度要控制在180℃～220℃，同时要充分搅拌并保证涂料被涂于道面时的温度不低于180℃；加热溶剂型涂料温度则要控制在50℃～70℃。

3. 标志线质量总体要求

各种划设好的标志线及文字必须做到整齐、清晰、醒目、线条流畅、线型规则、色泽和漆膜厚薄均匀。标志线涂层不应有皱纹、斑点、起泡、开裂、发松、脱落等现象。所划设的方向箭头、道面文字等标志要确保边齐、角齐、圆滑无毛边，划设带有弧度的标志时，弧度必须圆滑流畅，符合导向轨迹要求。

在规定的使用期限内，标志线不应出现明显变色。

对于热熔型涂料底漆，沥青道面涂敷一遍，水泥道面涂敷两遍，待底漆溶剂挥发后立即划设热熔漆。底漆的尺寸必须大于热熔漆标志线尺寸的5%。

4. 标志线细部质量要求

标志线干膜厚度标准：常温型漆为0.15～0.20mm；加温型漆为0.20～0.50mm；热熔型漆为1.80～2.50mm。

标志线在涂刷时要及时纠正人为偏差，其中位置允许偏差为±20mm，标志线端线与道面边线垂直允许偏差为±2°，标志线宽度允许偏差为0～+5%，每条线段纵向允许偏差为±50mm。

各种标志线复划时，必须与原线重合（除了纠正不符合要求的线外），横向允许偏差为0～+10mm，纵向允许偏差为0～+0.1m。

（四）施工中注意事项

在标志线施工时，为了保证施工质量和安全应做到：

（1）不得在雨天和潮湿冰冻的道面上施工，环境相对湿度也不能超过80%；

（2）涂料在施工前一定要搅拌均匀；

（3）稀释剂加入量不能超过涂料体积的 5％，若因天冷涂料黏度高而使稀释剂加入量过多时，应复涂一次，保证干膜厚度；

（4）常温型涂料和热熔型涂料施工时的气温分别不宜低于 5℃和 10℃；

（5）不同类型的涂料不得混用，应将设备清理干净后方可更换另一种涂料；

（6）不同材料的道面应按规定或要求选用不同类型的涂料；

（7）水泥混凝土新道面在涂刷标志前应由足够的养生时间保证涂料与道面的黏着；

（8）沥青混凝土新道面可将常规标志线漆作为底漆，底漆厚度不大于正常厚度的一半，隔一段时间后再刷一次标志漆；

（9）在老旧道面上涂刷时要先将原标志、轮胎橡胶等沉积物清除；

（10）用于喷涂道面标志线的工程车辆必须配备灭火器材；

（11）用机动车装运涂料、溶剂、手推划线机等必须安放稳固；

（12）施工人员不得在装有危险品的车辆上及设备旁吸烟或点燃明火。

（五）工程质量验收

1. 质量检查内容

（1）标志线平面尺寸是否达到要求，每一种标志线抽测 2～5 处；

（2）标志线的位置、直线性的偏差是否符合要求，每一种标志线抽检的数量不少于标志线总长度的 15％；

（3）标志线垂直角度的偏差是否符合要求，抽检 2～5 处；

（4）标志线的厚度是否符合要求，抽查检测并记录 5～10 处。

2. 质量评定标准

标志线、文字与符号线条总体质量、完工涂层质量、厚度、颜色指标验收时必须符合相关标准，要严格要求，严禁发生和存在相关质量问题；其他项目是保证工程安全和使用功能的基本要求，有一定限度的偏差和缺陷。检查验收时，按照检查内容中要求的进行检查，实测或抽检内容应全部满足为合格，允许偏差实测数据的符合率不小于 90％为合格。

第三节 标志线清除

除了新建道面和机场以外，修复原有道面标志线时，如果旧标志线磨损严重，需要先将原标志清除干净，再在其上划设新标志线。

目前清除道面旧标志线常用的主要有两种方法：超高压水冲洗法和机械打磨法。

超高压水冲洗法采用的设备主要由一台能把水加压到 40MPa 以上的超高压水泵及配套的高压水管喷枪组成。可利用跑道侧面消防管线作为水源。否则，至少由两台消防水车或洒水车为其提供水源。冲洗油漆时，水压为 36～40MPa，喷枪与道面夹角和距离对清除效果和面层作用有重要影响，所以应经过试验确定，以提高效果并防止冲坏道面面层。此种方式的优点是速度快、效果好、无污染、操作简单；其缺点是超高压水很容易将道面层半裸在水泥砂浆中的砂砾冲掉，或破坏面层的纹理深度，降低道面本身的抗滑能力。故有些使用单位反映使用后摩擦系数可能会有所下降。使用不当，也有冲坏道面表皮或接缝材

料的现象。用水量很大,每平方米用水量约为 0.5t。超高压水冲洗油漆时要特别注意人身安全,如此高的水压打在人员、设备上都会造成伤害。要经常对设备进行安全检查,操作人员要穿戴防护服。

为了增加清洗效果,一般会在水中加入油漆清洗剂,清除效果更佳,但会产生污染;还有一种超高压水喷砂清洗机,超强水流中带有金刚砂,提高了清除效率,但对道面损害却大大提高。

机械打磨法是利用专门机械,通过工作部件与油漆直接接触并高速运动,以此来清除道面标志线。按照所用机械与工作部件不同,又可以分为打磨清除法、铣刨清除法和刷擦清除法。

打磨清除法利用高速旋转的合金齿刀头与油漆摩擦清除旧标志线,这种方法可以清除任何类型油漆的标志线,但是其工作时噪音大、扬尘明显,清除后道面磨痕明显,且无法清除道面缝隙中的油漆残留。

铣刨清除法则是利用高速旋转的铣刀铣切油漆达到清除目的,这种方法虽然清除效果较好,但对道面破坏较大,同时不适用于大面积清除,每小时能清除约 60m²。

刷擦清除法是采用钢丝除锈原理进行工作的。工作前先采用一定的方法(加热、清除剂)将油漆变软,然后利用电机带动钢丝制成的刷盘旋转将油漆脱离道面。这种方法清除效果良好,对道面无损伤,但由于需要反复刷擦,速度慢、效率低,况且掉在地面上的钢丝一旦吸入发动机会造成飞行地面事故。

上述两类方法各有优缺点,为了更好地清除道面旧标志线和其他附着物,FAA 推荐了一种新的方法叫高速冲击法,使用设备为抛丸机,如图 2-58 所示。这种设备利用高速喷射的弹丸的动能平滑冲击漆体使其松动,喷出的弹丸和脱落油漆被后置吸尘器吸走,并通过特殊装置将弹丸分离出来循环使用,且弹丸大小可根据道面不同进行选择。抛丸机具有清除速度快、效果好、对道面损伤小等特点,受到各大机场的

图 2-58 抛丸机

欢迎,但由于设备多为进口,价格昂贵,目前国内只有少数大型机场在使用。

第四节 标志线维护

(一)道面巡视与检查

每个机场都会建立适宜自身情况、满足最低要求的道面巡查制度。一般情况下,每日

机场开放前都应进行一次包括外来物、道面状况、排水情况、目视助航设施等在内的跑道全面检查。当机场每日起降量大于 15 架次时，还要进行不少于 3 次的中间检查，其中在机场高峰时段之前必须进行一次中间检查。跑道检查应该与航空器起飞或着陆的方向相反，一般采用驱车检查，车辆速度不大于 45km/h。

除了跑道以外，每天还要对所有铺筑道面、升降带、跑道端安全区、飞行区围界、巡场路进行不少于一次的巡查。每季度对跑道、滑行道、机坪的铺筑道面至少进行一次徒步检查。

（二）修复与刷新

当发现标志线油漆脱落或遭受污染时要及时补刷，补刷前先清除污染物；当标线由于胎迹或其他破坏清晰度受到大面积影响时，则要全部重新喷涂 1 次，用漆量为 0.5～0.6km/m²，并且颜色均匀一致。

对于年客流量超过百万人次的机场，应每年全面涂刷 1 次，其他机场视具体情况进行 1～2 次的涂刷。

 学完本部分后回答下列问题：

1. 如何确定跑道识别标志？
2. 如何确定跑道入口标志的条数与参数？
3. 跑道入口内移标志有哪几种形式，在什么情况下使用？
4. 接地地带标志有哪几种形式，在何种情况下使用？
5. 当跑道关闭时，除了设置关闭标志外，还需要做哪些工作？
6. 跑道等待位置标志有哪几种形式，在设置过程中要注意什么？
7. 滑行道关闭标志与跑道关闭标志有哪些不同？
8. 航空器机位标志由哪几部分组成，分别有什么作用？
9. 作业等待保障区与固定停放区有什么不同？
10. 消防栓标志与其他栓井标志是否一样，为什么要这样？
11. 什么情况下要设置障碍物标志？
12. 高等级路面一般使用哪些涂料，如何实现标志线的逆向反光性？
13. 标志线清除有哪些方法，哪一种最好？

第三章 标记牌识别与维护

滑行引导标记牌是重要的机场目视助航设施，标记牌牌面垂直于临近道面的中线或滑行道中线标志，立式安装。它是分布在机场飞行区跑道、滑行道旁边和机坪适当位置的"路牌"，旨在向驾驶员（飞行员和司机）传达位置、方向、目的地等路径信息以及禁止、等待和警示等指令信息。立式标记牌就像交通警察一样，指挥、告诫着在机场飞行区活动的驾驶员。

图 3-1　标记牌的设立

需要掌握的知识和技能如下：
➢ 标记牌的种类与作用；
➢ 能够为滑行道系统命名；
➢ 信息标记牌的种类与特性；
➢ 指令标记牌的种类与特性；
➢ 标记牌技术性能要求；
➢ 各类标记牌设置位置；
➢ 指令与信息标志的种类与设置情形；
➢ 标记牌安装工序；
➢ 标记牌验收质量标准；
➢ 读懂不同标记牌的含义；
➢ 标记牌模型制作；
➢ 给定机场的标记牌设置综合任务。

第一节　标记牌的认知

一、标记牌的作用

所有机场都要设置一套标记牌系统，供航空器和车辆驾驶员在活动区内使用，确保安全有效的航空器滑行和地面活动。标记牌系统应根据机场对航空器在地面活动引导和控制的功能要求适当配置。这些功能要求主要包括：

（1）传达航空器或车辆必须停住等待塔台放行的信息；

（2）传达禁止进入某一地区的信息；

（3）帮助驾驶员识别其所在位置；

（4）帮助驾驶员识别滑行道交叉或分支点前方滑行道的代号；

（5）向驾驶员指明前往目的地的方向；

（6）帮助驾驶员判断其航空器是否已脱离跑道。

二、标记牌的种类

机场的标记牌包括滑行引导标记牌、VOR机场校准点标记牌、机场识别标记牌、航空器机位识别标记牌以及道路等待位置标记牌。这几类标记牌当中，最主要的是滑行引导标记牌，包括：跑道号码标记牌；Ⅰ类、Ⅱ类或Ⅲ类等待位置标记牌；跑道等待位置标记牌；禁止进入标记牌；用于转换频率的等待点标记牌；位置标记牌；方向标记牌；目的地标记牌；跑道出口标记牌；跑道脱离标记牌；滑行道位置识别点标记牌；交叉点起飞标记牌；滑行道终止标记牌。每个机场需要按飞行区内不同地点的具体功能要求选用不同的标记牌。

按照标记牌的功能，可以将机场的所有标记牌分成强制性指令标记牌和信息标记牌两类。按照标记牌的内容，又可以将标记牌分成不变内容标记牌和可变内容标记牌两类。其中，可变内容标记牌改变标记牌上的通知内容时，不得超过5s；可变内容标记牌不工作时，应显示空白。

三、滑行道系统的命名原则

标记牌上可能会含有滑行道系统某一区域的位置信息，这种位置信息一般使用滑行道的代号，因此所有滑行道都必须命名。滑行道命名应遵循以下要求：

（1）力求简单，合乎逻辑。

（2）滑行道代号设置时，应给未来滑行道扩建预留代号，尽量避免滑行道代号的大规模调整。

（3）应使用单个英文字母或字母与数字的组合作为滑行道代号，但不得使用"I""O"

"X"三个字母。当单个字母不够时，可使用双字母表示，但平行滑行道尽量使用单个字母。

（4）编号时，按照字母表顺序，首先给平行滑行道编号。用字母 A 表示最靠近主跑道的平行滑行道，再由近及远依次使用 B、C 等命名其他与该跑道平行或大致平行的滑行道。接着，给垂直或大致垂直于该跑道的滑行道命名。用接下来的字母表示最靠近主跑道的主降方向一端的出口滑行道，然后向着次降方向由近及远按字母顺序命名其他滑行道。但全长平行滑行道连接跑道两端的联络道与该平滑的代号保持相同，不另指定。

（5）被一条跑道相交分成两部分的滑行道、位于跑道两侧的滑行道宜被视为两条不同的滑行道并分别指定代号。此类滑行道的代号可由其所对应的平行滑行道代号加阿拉伯数字组成。

（6）当滑行道系统中存在多个与跑道平行或大致平行的短段滑行道时，可采用与其相邻的滑行道代号加数字加以表示。

（7）当滑行道改变方向但没有与其他滑行道相交、或与其他滑行道相交但方向改变不超过 45°时，一般不改变代号，除非现实情况需要。

（8）每条滑行道均应有唯一的代号。

（9）滑行道代号应避免与跑道号码相混淆。

滑行道命名示例，参见图 3-2 与图 3-3。

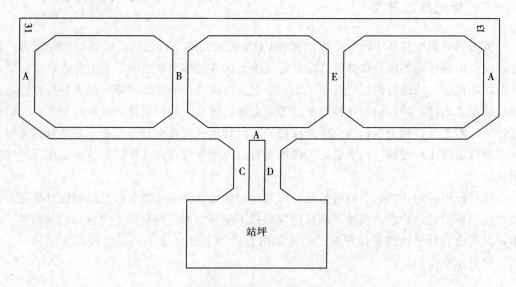

图 3-2　简单滑行道系统代号命名示例

四、标记牌上信息的表达

（一）信息标记牌

信息标记牌主要是向飞行员或驾驶员传达某一信息而设置的，其牌面为黄底黑字。但位置标记牌采用黑底黄字，单独使用时要加黄色边框。

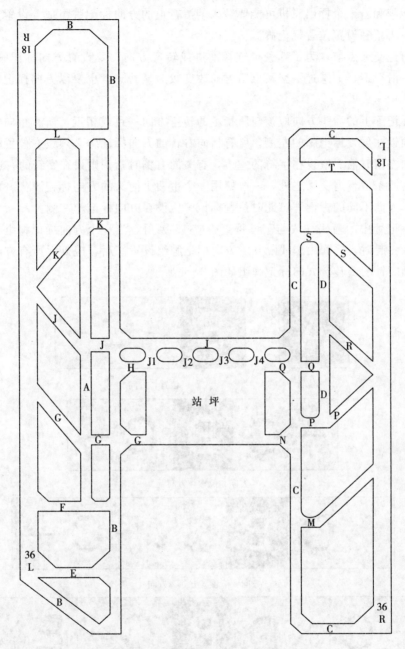

图 3-3　复杂滑行道系统代号命名示例

1. 位置标记牌

位置标记牌向飞行员提供滑行所在之处的位置信息，其上一般标出所在滑行道的编号。位置标记牌如图 3-4 所示。

2. 方向标记牌

方向标记牌表示飞机可以前进转弯的方向，由可能转入的滑行道代号和表示转弯方向的箭头组成，箭头的形状和尺寸不受方向的影响。

方向标记牌一般不单独使用，而是设置方向标记牌组。方向标记牌组由表示当前位置的位置标记牌和若干个标出飞机可能要转入的滑行道的方向标记牌组成。设置方向标记牌组的地方不再单独设置位置标记牌。

在滑行道交叉点前，为了驾驶员选择前进或转弯方向，要设置方向标记牌组。这时，即使是同一滑行道，如果过了交叉点后方向改变较为显著时，也要以方向标记牌的形式加以标记。

方向标记牌上的箭头方向应该与所指示的转弯方向一致或相近，所有指向左转的方向标记牌必须设在位置标记牌的左侧，所有指向右转的方向标记牌必须设在位置标记牌的右侧。有关向左偏时箭头应设在字符的左边，有关向右偏时箭头则设在字符的右边。

在只有两条滑行道交叉之处，一般使用一个带两个箭头的方向标记牌代替两个滑行道编号相同、方向不同的标记牌，此时位置标记牌应设在方向标记牌左侧。

方向标记牌中的箭头一般与字母垂直或成 45°夹角。当一个方向标记牌组有多个方向标记牌连在一起时，之间用黑线隔开。方向标记牌组设置好后，应确保所有方向箭头从左至右形成顺时针的旋转。方向标记牌组如图 3-4 所示。

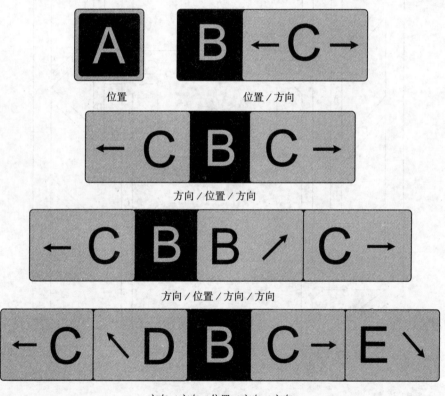

图 3-4　位置与方向组合标记牌示例

3. 目的地标记牌

在需要用标记牌向驾驶员指明前往某一目的地的滑行方向之处，需设一块目的地标记牌，牌面标有代表该目的地的文字符号（表 3-1）和一个指明去向的箭头，见图 3-5。目的地标记牌不得与其他标记牌合设。

表 3-1 常用目的地文字符号与含义

文字符号	含义	文字符号	含义	文字符号	含义
APRON	客机坪或客货共用机坪	DEICING	除冰坪	MIL	军民合用机场的军用部分
CARGO	货机坪	HCR	机库	CIVIL	军民合用机场的民用部分
RUNUP	试车坪	INTL	国际航班专用机坪		

向左转去往停机坪

向右转去往10号和23号跑道

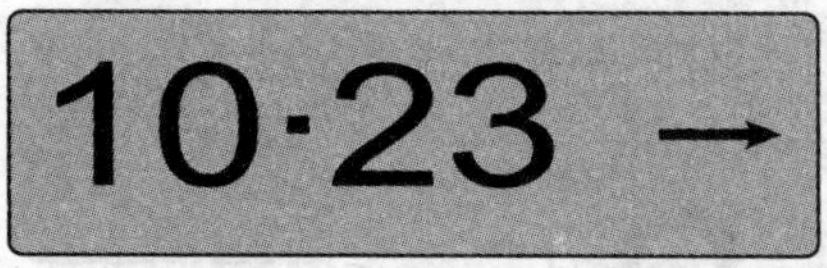

图 3-5 目的地标记牌示意图

4. 跑道出口标记牌

在出口滑行道的入口位置一侧必须设置跑道出口标记牌,其上的文字符号包括跑道出口滑行道的代码和一个标明应遵行方向的箭头,如图 3-6 所示。

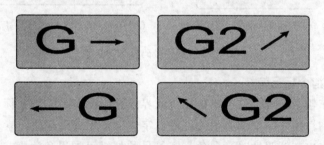

图 3-6 跑道出口标记牌示例

5. 跑道脱离标记牌

所有仪表跑道均应设置跑道脱离标记牌,至少设置在出口滑行道的一侧。跑道脱离标记牌必须与位置标记牌并设,且位置标记牌位于其外侧,牌面上有类似 A 型跑道等待位置标志的图案,如图 3-7 所示。

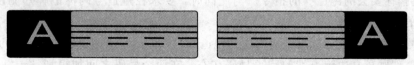

位置/脱离跑道   脱离跑道/位置

图 3-7 跑道脱离标记牌示例

6. 跑道交叉点起飞标记牌

在运行需要标明跑道交叉点起飞的剩余可用起飞滑跑距离时，应设一块交叉点起飞标记牌。交叉点起飞标记牌上的文字符号应包括以米为单位的剩余可用起飞滑跑距离和一个方向与位置适当的箭头，如图3-8所示。

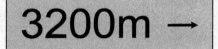

图3-8　交叉点起飞标记牌示意图

7. 机位标记牌

每一个航空器停机位均应设一块机位标记牌，如果在夜间使用，在标记牌内部需要设有照明。

机位标记牌上的字符为机位号码或者机位号码与停止线所在地理位置的经纬度坐标，如图3-9所示。安装在廊桥上的标记牌不显示经纬度坐标。

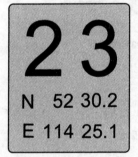

（a）含有经纬度的机位号码标记牌　　　（b）廊桥固定桥上的机位号码标记牌

图3-9　机位号码标记牌示例

（二）强制性指令标记牌

在航空器或车辆未经塔台许可不得越过的界限处应设强制性指令标记牌，起到提醒和警示的效果。强制性指令标记牌必须为红底白字，由于环境或其他因素，强制性指令标记牌文字符号需要突出其鲜明性时，白色文字符号的外缘可加黑色边框，飞行区指标Ⅰ为1和2的黑色边框宽度为10mm，飞行区指标Ⅰ为3和4的黑色边框宽度为20mm。除了位置标记牌外，指令标记牌不得与其他信息标记牌同时设置。

1. 跑道号码标记牌

跑道号码标记牌一般设在A型跑道等待位置标志延长线的两侧，意在向飞行员发出"请正确选择你要去的跑道"的指令。与此同时，要求在跑道号码标记牌外侧设置表明所在滑行道的位置标记牌。

跑道号码标记牌上应标出跑道两端的跑道号码，面向跑道的驾驶员左边跑道端的跑道号码在左，驾驶员右边跑道端的跑道号码在右，在两个号码之间加短划"—"。设置在连接跑道端头联络道上的跑道号码标记牌仅展示该跑道端的跑道号码，参见图3-10。

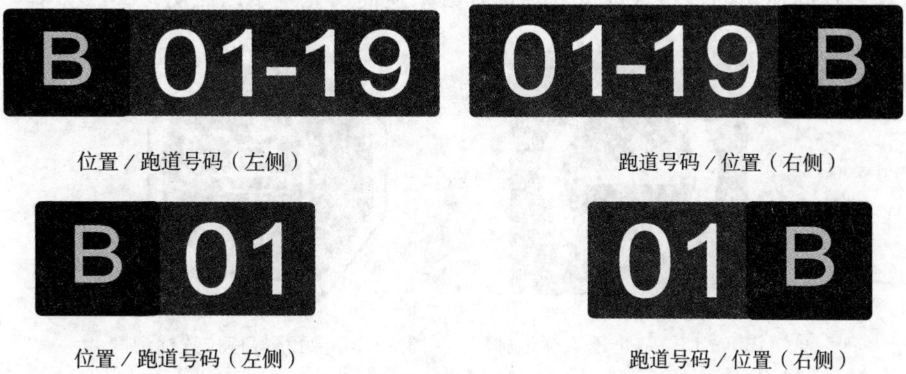

B 01-19

位置／跑道号码（左侧）

01-19 B

跑道号码／位置（右侧）

B 01

位置／跑道号码（左侧）

01 B

跑道号码／位置（右侧）

图3-10 跑道号码标记牌示例（与位置标记牌并设）

2. Ⅰ类、Ⅱ类、Ⅲ类等待位置标记牌

在B型跑道等待位置标志的两端应各设一块Ⅰ类、Ⅱ类或Ⅲ类等待位置标记牌。Ⅰ类、Ⅱ类、Ⅲ类或Ⅱ/Ⅲ类合用等待位置标记牌上的文字符号为相应的跑道号码后加 CAT Ⅰ、CATⅡ、CATⅢ或CATⅡ/Ⅲ，视情况而定。如图3-11所示。

3. 跑道等待位置标记牌

如果滑行道的位置或方向使滑行中的航空器或车辆会侵犯障碍物限制面或干扰无线电助航设备的运行，则应在该滑行道上设跑道等待位置标记牌。该标记牌应设在障碍物限制面或无线电助航设备的临界/敏感区边界处的跑道等待位置上，朝向趋近的航空器，并在跑道等待位置的两侧各设一块。跑道等待位置标记牌符号由滑行道代号和一个表示顺序的数字组成。等待位置标记牌如图3-12所示。

25 CAT Ⅱ

B2

图3-11 Ⅰ、Ⅱ、Ⅲ类等待位置标记牌示例

图3-12 跑道等待位置标记牌

4. 禁止进入标记牌

需要禁止航空器进入某一地区时，要设置禁止进入标记牌，防止航空器或车辆误入该区域。在禁止航空器进入地区入口处的两侧，面对驾驶员各设一块禁止进入标记牌，其牌面符号如图3-13所示。

5. 道路等待位置标记牌

在所有进入跑道或跑道近进区域的道路入口处，必须设置道路等待位置标记牌。与滑行道相交处，可视情况而定。道路等待位置标记牌为红底白字，其上的文字符号为中文，符合当地的交通规则，文字大小应易于驾驶员识别，并包括如下内容：

（1）停驻的要求，如图3-14所示；

（2）在适当的情况下增加取得空中交通管制部门放行的要求，如"未经塔台许可不得进入"，以及位置代号。

打算供夜间使用的道路等待位置标记牌必须逆向反光或予以照明。

图 3-13　禁止进入标记牌　　　图 3-14　道路等待位置标记牌

第二节　标记牌设置

一、标记牌技术性能要求

（一）标记牌分类与命名

标记牌可按不同方式分类，视情况需要进行各种分类的组合。

1. 按牌面文字高度

1 号——文字高 200mm；

2 号——文字高 300mm；

3 号——文字高 400mm。

2. 按标记牌功能

Y 型——黄底黑字带箭头的方向标记牌和目的地标记牌，其他黄底黑字的信息标记牌；

R 型——红底白字的指令标记牌；

B 型——黑底黄字有或无黄色边框的位置标记牌。

3. 按供电方式

M 式——由交流 220V 电源供电；

S 式——由 2.8～6.6A 串联灯光电路供电；

O 式——无照明，无需电源。

4. 按牌面亮度

按照标记牌牌面亮度可分为高亮度（H）和低亮度（L）两种。

5. 按可适应的环境温度

E 类——能在环境温度低至－20℃时运行；

D 类——能在环境温度低至－55℃时运行。

6. 按能经受的风力大小

Ⅰ型——能经受 160km/h 的风力；

Ⅱ型——能经受 320km/h 的风力。

7. 标记牌命名

标记牌的型号按以下方式命名：

BP××××××

其中，BP 代表标记牌；第一个"×"表示文字高度；第二个"×"表示功能；第三个"×"表示供电方式；第四个"×"表示亮度；第五个"×"表示适应环境；最后一个"×"表示能经受住的风力，如某标记牌为"BP2YMHEⅠ"。

（二）环境适应性

标记牌连同其配件应能在下列室外环境中长期稳定运行：

（1）温度：−20℃～+55℃——E 类标记牌；

　　　　　−55℃～+55℃——D 类标记牌。

（2）风力：160km/h——Ⅰ型标记牌；

　　　　　320km/h——Ⅱ型标记牌。

（3）雨：大暴雨。

（4）阳光：暴露于直射阳光之中。

（三）材料要求

1. 结构

标记牌要由轻质的非黑色金属材料制成，便于安装在混凝土基础之上。

2. 支柱

所有标记牌的支柱都应当具有易折性（所谓易折性是指当受到飞机意外撞击时，要迅速从根部折断以尽量减少损坏飞机的可能性），易折点高出混凝土基础顶面不宜大于 50mm 并能保证经受 204N·m 的弯矩及型号相应的风速的冲击不损坏，但当牌面受到静压达到 0.9kPa（Ⅰ型）或 1.3kPa（Ⅱ型）以前应从根部干脆的脱开。除此之外，牌面以及其他部件要能够经受住易折点折断时的风力，并且易折器件在折断后易于取出更换。

3. 牌面

标记牌为长方形，可按需要制成单面显示或双面显示，其反光部分由逆向反光材料制成（见附录 A）。组装后的逆向反光薄膜应平整光洁，不得有翘边、皱纹或气泡。

4. 其他要求

标记牌使用的全部材料和部件应适合其用途，组装五金和紧固件应均为不锈钢制品。全部电气元件器件和电线电缆均需具有适当的额定值，不得超过其额定值。除了本身具有防腐性能的材料外，其他均应采取充分的防腐蚀措施。涂漆时，外表面至少要涂一道底漆和一道黑色无光罩漆，非金属表面与金属表面具有相同的质量。标记牌的外壳防护等级不低于 IP34。

（四）光电要求

1. 电源与照明

符合以下要求的标记牌均应设置内部照明即采用 M 式或 S 式标记牌：

（1）在跑道视程小于 800m 时使用的跑道；

（2）在夜间使用的仪表跑道；

（3）在夜间使用的飞行区等级指标Ⅰ为 3 或 4 的非仪表跑道。

M 式标记牌由 220V 交流电源供电，S 式则由电流在 2.8～6.6A 范围内变化的串联灯光电路供电。

设有照明的标记牌，其灯光的色度需要符合附录 B 中 3.1 和 3.4 的规定。标记牌在运行状态下牌面的平均亮度（见附录 C）不应低于表 3-2 的规定值。此外，指令标记牌上白色部分与红色部分亮度之比必须为 1：5～1：10；整个牌面上最大亮度与最小亮度之比不大于 5：1。

表 3-2　标记牌牌面平均亮度要求　　　　　　　　　（单位：cd/m²）

颜色	高亮度标记牌 （跑道视程小于 800m 时使用的跑道）	低亮度标记牌 （夜间使用的仪表跑道及飞行区等级指标Ⅰ为 3 或 4 的非仪表跑道）
红	30	10
黄	150	50
白	300	100

有照明的标记牌需要配备末端带有插头的电源引入电缆，如为 S 式标记牌，其插头应符合民航标准 MH/T 6009 的规定。电缆为额定电压不小于 600V 的铜芯软电缆，芯线截面不小于 2.5mm²，电缆长度足以允许插头延伸到易折接头以下至少 150mm 处，而且标记牌内还应设有电缆卡，以消除可能由电缆传递到端子排上的应力。

2. 爬电距离和电气间隙

带电部件与邻近的金属件之间应有足够的空隙，爬电距离和电气间隙不小于表 3-3 中的规定。

3. 其他要求

标记牌应该有足够的电气绝缘性、耐潮湿性及耐腐蚀性。所以，相关金属表面应涂有耐腐蚀保护层并选用合格的绝缘材料。常见绝缘材料包括（按 CTI 值划分）：

（1）绝缘材料组别Ⅰ：CTI≥600，例如上釉的陶瓷、云母、玻璃；

（2）绝缘材料组别Ⅱ：400≤CTI＜600，例如三聚氰胺石棉耐弧塑料、硅有机石棉耐弧塑料；

（3）绝缘材料组别Ⅲa：175≤CTI＜400，例如聚四乙烯塑料、三聚氰胺玻璃纤维塑料、表面用耐弧漆处理的环氧玻璃布板；

（4）绝缘材料组别Ⅲb：100≤CTI＜175，例如酚醛塑料、层压制品。

表 3-3　爬电距离和电气间隙限值（基于污染等级 4）

电压等级（V）	爬电距离（mm）			电气间隙（mm）
	绝缘材料组别			
	Ⅰ	Ⅱ	Ⅲ	
32	1.8	1.8	1.8	3
50	2	2.5	3.2	3

（续表）

电压等级（V）	爬电距离（mm）			电气间隙（mm）
	绝缘材料组别			
	I	II	III	
100	2.4	3	3.8	4
125	2.5	3.2	4	4
160	3.2	4	5	5
200	4	5	6.3	6
250	5	6.3	8	6.5

注：污染程度或过电电压类型参考国家标准 GB/T 16935，污染等级 4 为造成永久性的导电污染环境，例如由于导电尘埃或雨或雪所引起的。

（五）字符与牌面尺寸要求

1. 高度要求

标记牌文字符号、牌面和组装后总高度需符合表 3-4 所示规定。

表 3-4 标记牌高度要求

标记牌尺寸号	标记牌高度（mm）		
	文字符号	牌面（最小）	安装高度（最大）
1	200	400	700
2	300	600	900
3	400	800	1100

但当位置标记牌与跑道号码标记牌合设一处时，其牌面与字符尺寸必须符合强制性指令标记牌的要求。

标记牌种类与字符高度之间的关系见表 3-5 所列。

表 3-5 标记牌类型与字符高度关系

飞行区基准代码	最小字符高度（mm）		
	强制性指令标记牌	信息标记牌	
		跑道出口和跑道脱离标记牌	其他标记牌
1 或 2	300	300	200
3 或 4	400	400	300

2. 牌面宽度要求

标记牌牌面为长方形，其宽度（水平方向）必须按照图 3-15 确定，但仅设在滑行道一侧的强制性指令标记牌的牌面宽度必须不小于：

(1) 跑道基准代码为3或4时, 1.94m;

(2) 跑道基准代码为1或2时, 1.46m。

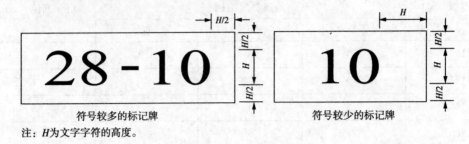

符号较多的标记牌   符号较少的标记牌

注: H为文字字符的高度。

图 3-15 标记牌尺寸

3. 符号宽度要求

标记牌中字符的笔画宽度或符号的线条宽度与文字符号其高度大小相关, 必须符合表 3-6 的要求。

表 3-6 字符笔画宽度与字号的关系

字号	字符高度（mm）	笔画宽度（mm）
1	200	32
2	300	48
3	400	64

单独设置的位置标记牌需要加黄色边框, 其宽度以及至边缘的距离见表 3-7 所列。

表 3-7 位置标记牌黄色边框的宽度及至牌面边缘的距离

字号	字符高度（mm）	黄色边框宽度（mm）	至牌面边缘的距离（mm）
1	200	16	12
2	300	24	24
3	400	32	24

标记牌组内相邻的底色相同的牌面之间要用垂直隔条隔开, 但相邻字符之间设有位置标记牌时则无需垂直隔条。垂直隔条的宽度及其与字符之间的最小水平空隙应符合表 3-8 的规定, 垂直隔条颜色与字符颜色相同。

表 3-8 垂直隔条宽度及其与字符之间的最小水平空隙

字号	字符高度（mm）	垂直隔条宽度（mm）	至字符的水平空隙（mm）
1	200	22	50
2	300	34	70
3	400	45	90

标记牌上数字的宽度见表3-9所列。

表3-9 标记牌数字宽度

数字	数字高度（mm）			数字	数字高度（mm）		
	200	300	400		200	300	400
1	50	74	98	6	137	205	274
2	137	205	274	7	137	205	274
3	137	205	274	8	137	205	274
4	149	224	298	9	137	205	274
5	137	205	274	0	143	214	286

标记牌上字母的宽度见表3-10所列。

表3-10 标记牌字母宽度

字母	字母高度（mm）			字母	字母高度（mm）		
	200	300	400		200	300	400
A	170	255	340	N	137	205	274
B	137	205	274	O	143	214	286
C	137	205	274	P	137	205	274
D	137	205	274	Q	143	214	286
E	124	186	248	R	137	205	274
F	124	186	248	S	137	205	274
G	137	205	274	T	124	186	248
H	137	205	274	U	137	205	274
I	32	48	64	V	152	229	304
J	127	190	254	W	178	267	356
K	140	210	280	X	137	205	274
L	124	186	248	Y	171	257	342
M	157	236	314	Z	137	205	274

标记牌上相邻字母之间的空隙代码见表3-11所列。

表3-11 相邻字母空隙代码

前一字母	后随字母			前一字母	后随字母		
	B, D, E, F, H, I, KL, M, N, P, R, U	C, G, O, Q, S, X, Z	A, J, T, V, W, Y		B, D, E, F, H, I, K, L, M, N, P, R, U	C, G, O, Q, S, X, Z	A, J, T, V, W, Y
A	2	2	4	B	1	2	2

（续表）

前一字母	后随字母 B, D, E, F, H I, KL, M, N, P R, U	C, G, O Q, S, X Z	A, J, T V, W, Y	前一字母	后随字母 B, D, E, F, H I, K, L, M, N, P, R, U	C, G, O Q, S, X Z	A, J, T V, W, Y
C	2	2	3	O	1	2	2
D	1	2	2	P	1	2	2
E	2	2	3	Q	1	2	2
F	2	2	3	R	1	2	2
G	1	2	2	S	1	2	2
H	1	1	2	T	2	2	4
I	1	1	2	U	1	1	2
J	1	1	2	V	2	2	4
K	2	2	3	W	2	2	4
L	2	2	4	X	2	2	3
M	1	1	2	Y	2	2	4
N	1	1	2	Z	2	2	3

标记牌上相邻数字之间的空隙代码见表3-12所列。

表3-12 相邻数字空隙代码

前一数字	后随数字 1, 5	2, 3, 6 8, 9, 0	4, 7	前一数字	后随数字 1, 5	2, 3, 6 8, 9, 0	4, 7
1	1	1	2	6	1	2	2
2	1	2	2	7	2	2	4
3	1	2	2	8	1	2	2
4	2	2	4	9	1	2	2
5	1	2	2	0	1	2	2

标记牌上字母、数字之间的水平空隙见表3-13所列。

表3-13 字母、数字之间的水平空隙

空隙代码（由表3-11或表3-12查出）	空隙（mm） 字号		
	1	2	3
1	48	71	96
2	38	57	76

（续表）

空隙代码	空隙（mm）		
（由表 3−11 或表 3−12 查出）	字号		
	1	2	3
3	25	38	50
4	13	19	26

注：（1）为确定字母或数字之间的水平空隙，先由表 3−11 或表 3−12 查出相应的空隙代码，根据查出的空隙代码和要求的字符高度由本表查出水平空隙尺寸；（2）缩略词、单词或字符组之间的空隙应等于使用的字符高度的 0.5 或 0.75 倍；（3）在只有一个箭头与单个字母结合在一起时，它们之间的空隙可减少至不小于所使用字符高度的 0.25 倍以取得较好的外观效果；（4）字母与数字之间的空隙代码为 1；（5）一个短横、圆点或斜杠与一个字符之间的空隙代码为 1。

（六）字符的形状

标记牌上字符的形状，即字母、数字、箭头和符号高度、宽度、笔画宽度的尺寸比例必须如附录 H 所示，实际应用中要按照所需字号按比例缩放。

二、标记牌的位置要求

（一）总体要求

标记牌至滑行道或跑道承重道面边缘的距离必须保证与螺旋桨和喷气式飞机发动机吊舱的净距，符合表 3−14 的规定，并保证标记牌牌面垂直于临近道面中线或滑行道中线标志。

按规定应设在道面上标志延长线上的标记牌允许偏离±3m。

表 3−14　标记牌至滑行道或跑道道面边缘的距离

标记牌尺寸号	飞行区指标 I	标记牌至滑行道道面边缘距离（m）	标记牌至跑道道面边缘距离（m）
1	1 或 2	5～11	3～10
2	1 或 2	5～11	3～10
	3 或 4	11～21	8～15
3	3 或 4	11～21	8～15

（二）指令标记牌的设置位置

指令性标记牌必须在道面两侧同时设置。在 A 型跑道等待位置标志延长线的两端要各设一块跑道号码标记牌。在 B 型跑道等待位置标志的两端延长线上应各设一块 I 类、II 类或 III 类等待位置标记牌。如果滑行道上 A 型和 B 型跑道等待位置标志相距不大于 15m，则应将跑道号码标记牌移至 B 型跑道等待位置标志处，并将该处设置的 I 类、II 类或 III 类等待位置标记牌取消，如图 3−16 所示。

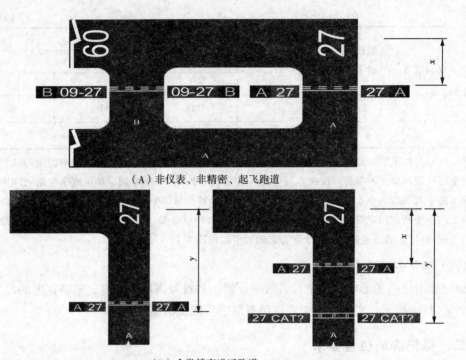

（A）非仪表、非精密、起飞跑道

（B）I 类精密进近跑道

图 3-16　跑道号码标记牌与 I 类、II 类或 III 类等待位置标记牌设置位置示例

注：距离 x 按表 2-5 中规定确定；距离 y 根据 ILS/MLS 的临界/敏感区的边界确定；

（B）中左列图为 $y-x \leqslant 15m$ 时的设置情况。

对于单向运行的出口滑行道，应在趋向跑道的滑行道入口处两侧各设置一块禁止进入标记牌。在跑道出口滑行道入口处设置的禁止进入标记牌应尽量靠近入口，并在 A 型跑道等待位置之前，且不得突破 ILS/MLS 临界/敏感区的边界及对应跑道的内过渡面的底边。与此同时，还要满足标记牌至滑行道道面边缘的距离要求，牌面垂直于出口滑行道中线标志，参见图 3-17。

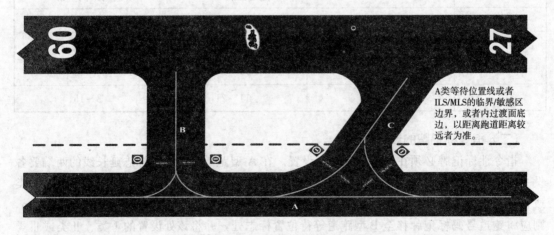

A 类等待位置线或者 ILS/MLS 的临界/敏感区边界，或者内过渡面底边，以距离跑道距离较远者为准。

图 3-17　禁止进入标记牌设置示例

道路等待位置标记牌应设置在等待位置右侧距道边 2m 处，八角形标志外径为 0.6m，白边宽度为 20mm，衬边宽度为 4mm。

（三）信息记牌的设置位置

一般情况下，信息标记牌设置在航空器或车辆前进方向的左侧。

1. 位置标记牌的位置

位置标记牌一般设置在：

（1）在通往跑道的 A 型跑道等待位置处，设在跑道号码标记牌的外侧，如图 3-17 所示；

（2）有多个出口的机坪或货机坪的出口处，设在出口处滑行道的左侧，如图 3-18 所示；

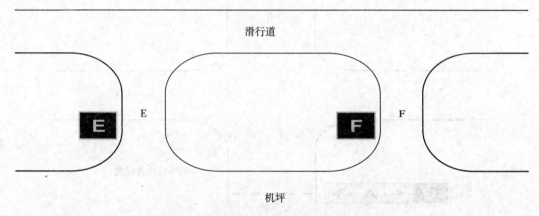

图 3-18　机坪出口处增设的位置标记牌

（3）在航空器穿越跑道或一个复杂的滑行道交叉点之后需要证实航空器确已进入正确的滑行道之处，设在航空器穿越后进入的滑行道左侧。设在左侧实际不可行时可设置在右侧，也可设在位于该处的其他标记牌的背面，参见图 3-19；

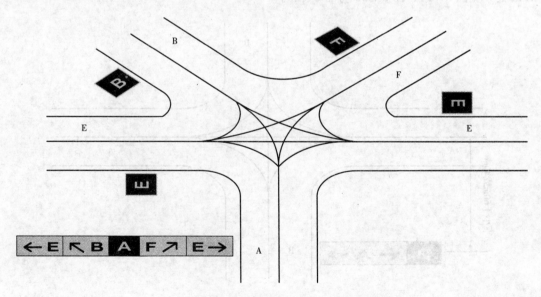

图 3-19　复杂滑行道交叉处增设的位置标记牌

（4）与脱离跑道标记牌合设，设置在其外侧，见图3－7；

（5）与方向标记牌合设构成方向标记牌组，见图3－4；

（6）在每一中间等待位置处应设一位置标记牌，但如该处已设有方向标记牌组，则不再单独设置位置标记牌。

2. 方向标记牌的位置

在滑行道与滑行道交叉点之前，如按照运行常规要求航空器进行观察选择前进的方向，则应在该处设一个方向标记牌组。如果滑行道与滑行道交叉处之前设置有中间等待位置标志，则方向标记牌组设置在中间等待位置的延长线上，如图3－20所示。

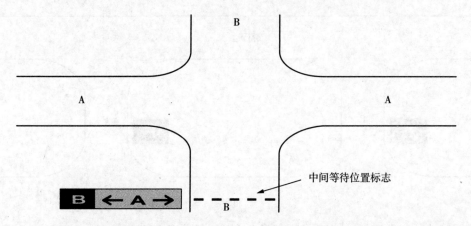

图3－20　设有中间等待位置标志的滑行道相交处方向标记牌组的布置

如果未设有中间等待位置，飞行区指标Ⅰ为3或4时，则标记牌宜设在距相交滑行道中线不小于60m处。飞行区指标Ⅰ为1或2时，则标记牌宜设在距相交滑行道中线不小于40m处，见图3－21、图3－22与图3－23。

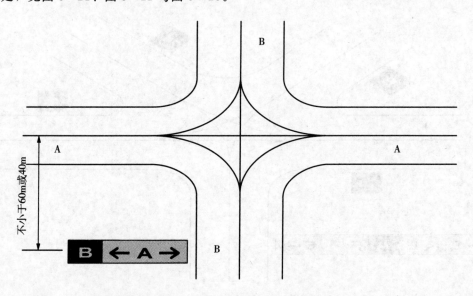

图3－21　无中间等待位置标志的滑行道相交处方向标记牌组的布置示例（一）

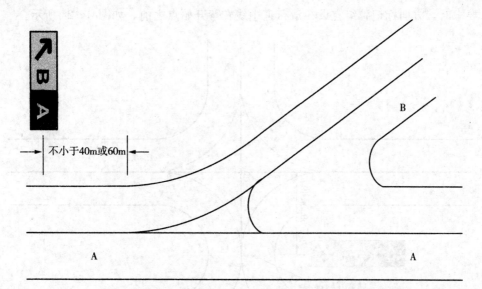

图 3-22 无中间等待位置标志的滑行道相交处方向标记牌组的布置示例（二）

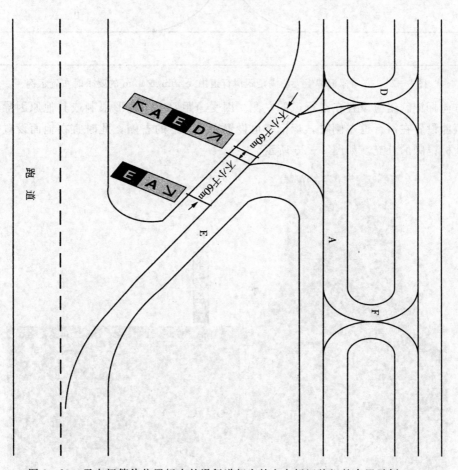

图 3-23 无中间等待位置标志的滑行道相交处方向标记牌组的布置示例（三）

在未设有中间等待位置，方向标记牌组的设置也无法满足距交叉滑行道中线 60m 或

40m 要求时，方向标记牌组宜设在滑行道中线转弯开始点之前，如图 3 - 24 所示。

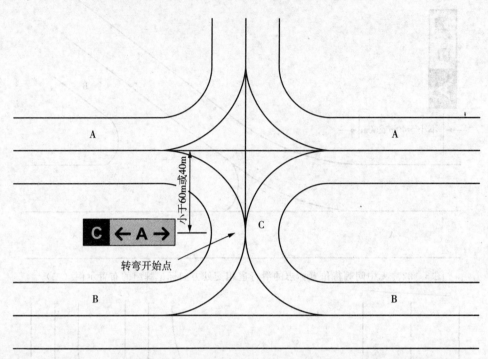

图 3 - 24　方向标记牌组无法满足距滑行道中线 40m 或 60m 的要求时布置示例

　　方向标记牌组应设置在滑行道的左侧。因受净距要求、地形限制或其他原因导致标记牌不可能设置在滑行道左侧时，标记牌可设置在滑行道的右侧，此时宜在地面设置信息标志作为标记牌的补充，如图 3 - 25 所示。

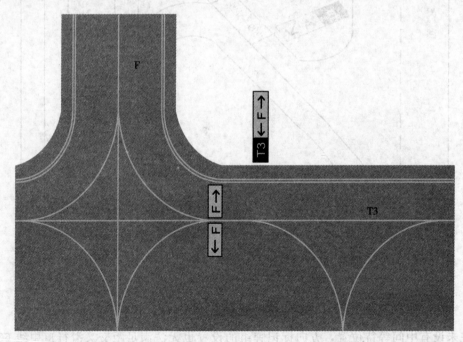

图 3 - 25　设置在右侧的方向标记牌组增加的地面信息标志

一条滑行道与另外两条距离较近的滑行道垂直相交，但转弯开始点相差又较远时，如图 3-26 所示，则设置两个方向标记牌组；否则，转弯开始点相距较近时，只设置一个方向标记牌组，参见图 3-27。

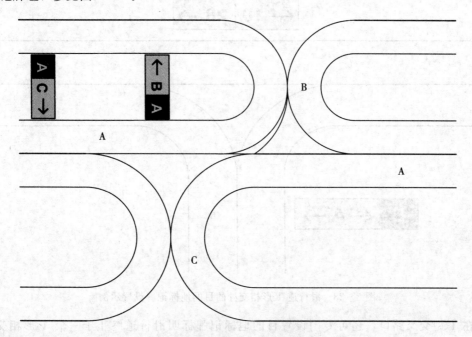

图 3-26 与两相距较远的滑行道相交时的标记牌设置

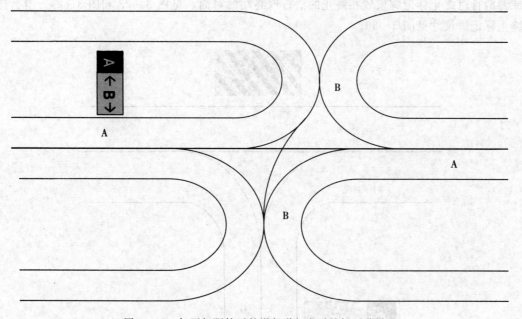

图 3-27 与两相距较近的滑行道相交时的标记牌设置

3. 目的地标记牌的位置

如果目的地在正前方，目的地标记牌可设在交叉点远方的方向标记牌组的背面；在滑行道终止于前方 T 形交叉点时，目的地标记牌应设在交叉点的远方，即 T 形交叉点的平顶上方中央，见图 3-28。

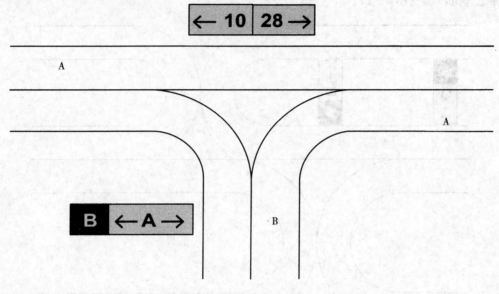

图 3-28　滑行道 T 形相交处的目的地标记牌设置示例

　　在 T 型交叉路口，还可专门设置目的地标记牌标明滑行道终止于一个 T 形相交点。如果不便设置目的地标记牌时，也可以设置一个滑行道终止标记牌。此时的目的地标记牌或者滑行道终止标记牌设置在终止的滑行道终端的对面，见图 3-28 和图 3-29。滑行道终止标记牌尺寸见图 3-30。

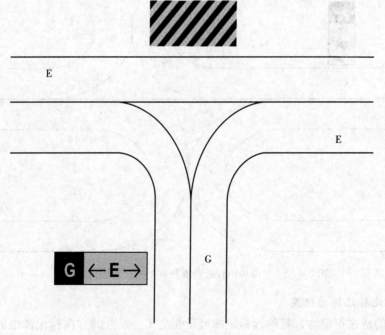

图 3-29　滑行道 T 形相交处的滑行道终止标记牌设置示例

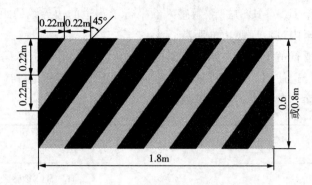

图 3-30 滑行道终止标记牌尺寸

4. 跑道出口标记牌的位置

跑道出口标记牌必须设在跑道与出口滑行道相交切点之前，并按照表 3-14 进行定位。飞行区指标 I 为 3 或 4 时，标记牌至切点的距离应不小于 60m；飞行区指标 I 为 1 或 2 时，标记牌至切点的距离应不小于 30m。

如果紧临跑道的两条出口滑行道距离较近，当其中一条跑道出口标记牌按要求设在跑道与出口滑行道相交切点之前至少 60m 处时，可能标记牌会位于另一出口滑行道道面上。在此情况下，为保证所有出口滑行道均设有跑道出口标记牌，可适当调整距离，使其安装在相交切点之前不足 60m 处的位置，但必须保证不得位于相交切点之后，并使标记牌至跑道边线、滑行道边线的距离符合表 3-14 的规定，如图 3-31 所示。

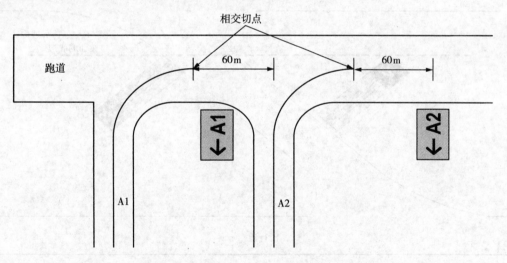

图 3-31 相距较近的两条出口滑行道中跑道出口标记牌的设置示例

注：①A1 标记牌受条件限制无法在标准位置设置，只能设置在转弯开始点切点附近；
②A2 标记牌符合标准安装位置。

5. 跑道脱离标记牌的位置

跑道脱离标记牌设置在跑道等待位置处。对于单向运行的出口滑行道，则应设置在类似于跑道等待位置处。

跑道脱离标记牌至跑道中线的距离应约等于以下两个距离中的较大者：

（1）跑道中线至 ILS/MLS 临界/敏感区的平行于跑道的边界线的距离；

（2）跑道中线至内过渡面底边的距离。

在单向运行的滑行道上，应在跑道脱离标记牌背面展示滑行道号码，供航空器或车辆错误进入后辨识滑行道使用。除此以外的滑行道上，跑道脱离标记牌应显示在设置在此处的其他标记牌的背面。跑道脱离标记牌如图 3-32 和图 3-33 所示。

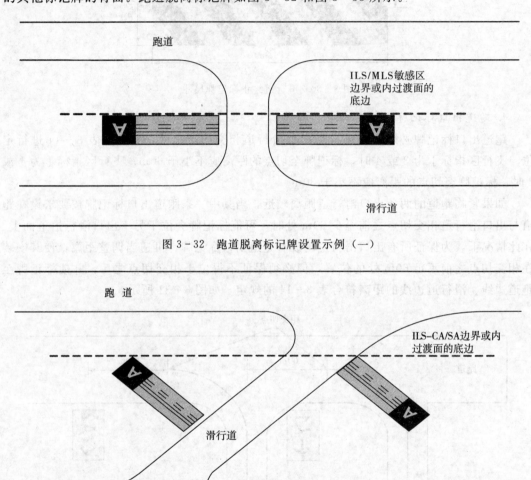

图 3-32　跑道脱离标记牌设置示例（一）

图 3-33　脱离跑道标记牌设置示例（二）

6. 跑道交叉点起飞标记牌的位置

交叉点起飞标记牌应设在入口滑行道的左侧，标记牌至跑道中线的距离应不小于 60m，但如飞行区指标I为 1 或 2 时，标记牌至跑道中线的距离则应不小于 45m，参见图 3-34。

7. 机位标记牌的位置与尺寸

机位号码标记牌可在建筑物上悬挂安装，或在地面上立式安装。对于有廊桥的机位，在廊桥固定桥顶端设置机位号码标记牌。没有廊桥的，在机位中线的延长线上设置；如果

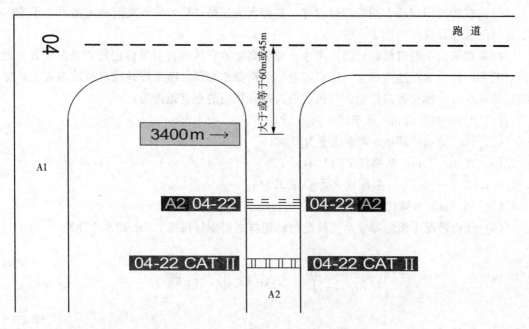

图 3-34 交叉点起飞标记牌的设置

不可行，偏置于航空器入位方向机位中线左侧设置。机位标记牌的牌面尺寸、安装位置和高度应使准备进入机位的航空器驾驶员能够清楚识别。

设置在机位上的机位标记牌，机位号码字符高度一般不小于 800mm，经纬度字符高度为机位号码字符高度的 1/4，字符形状如附录 H 所示。字符水平方向距离牌面边框距离不小于牌面高度的 1/20，垂直方向距离边框的距离不小于牌面高度的 1/10。如果字符高度 800mm 无法实现时，则字符高度至少为 400mm，这时，经纬度字符高度为机位号码字符高度的 1/5。标记牌尺寸如图 3-35 和图 3-36 所示。

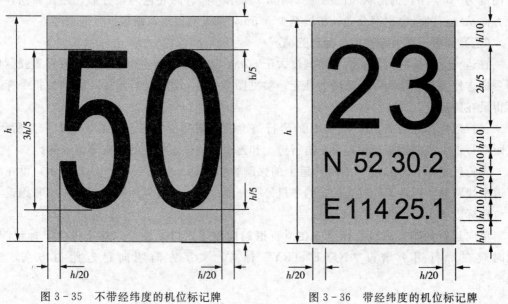

图 3-35 不带经纬度的机位标记牌　　　图 3-36 带经纬度的机位标记牌

安装在廊桥固定桥上的机位标记牌，其牌面为三棱柱形，牌面之间的夹角不小于 60°，字符高度为片面高度的 1/2～3/4。

设置在机位上的机位标记牌，尺寸、安装高度等宜按滑行引导标记牌的要求设置。此种情况下，还应增设地面标志。标记牌应位于机位前端翼尖净距线外或机位前端翼尖净距线的延长线上，标记牌最近侧面与机位引入线延长线的垂直距离为：

(1) 8.75～14.75m，基准代字为 A 时；

(2) 10.25～16.25m，基准代字为 B 时；

(3) 18.5～30m，基准代字为 C 时；

(4) 22.5～32.5m，基准代字为 D 或 E 时；

(5) 33.5m，基准代字为 F 时；

(6) 任何情况下航空器发动机吊舱与标记牌之间能够保持 7.5m 的水平净距。

第三节 特殊标记牌

一、强制性指令标志

当无法安装强制性指令标记牌处，必须在铺砌道面上设置强制性指令标志。

(一)强制性指令标志的颜色、尺寸与构型

强制性指令标志为红底白字。除了禁止进入标志外，其上字符必须提供与相关的标记牌相同的信息，禁止进入标志为"NO ENTRY"字样。在标志与铺砌道面的颜色反差不明显时，应在强制性指令标志的周边加上适当边框，边框颜色为白色或黑色。

飞行区指标 Ⅱ 为 C、D、E 和 F 时，字符高度为 4m；飞行区指标 Ⅱ 为 A 和 B 时，字符高度为 2m。字符的形状和比例应如附录 Ⅰ 所示。标志的底色为长方形，并在横向和垂直方向从字符的最突出部分向外扩展至少 0.5m，如设有边框，则包括边框宽度。

(二)需要设置强制性指令标志的情况

在运行上需要时，例如滑行道宽度大于 60m，或为协助防止跑道入侵，应设置强制性指令标志作为强制性指令标记牌的补充，参见图 2-19。除非运行需要，强制性指令标志不得设在跑道上。

飞行区指标 Ⅱ 为 A、B、C 和 D 的滑行道上的强制性指令标志如图 3-37 (a) 所示，按距滑行道中线两侧距离相等设在滑行道上和跑道等待位置标志的停机等待一侧。

飞行区指标 Ⅱ 为 E 或 F 的滑行道上的强制性指令标志如图 3-37 (b) 所示，设在滑行道中线两侧、跑道等待位置标志的停机等待一侧。标志的边界距离滑行道中线和跑道等待位置标志不小于 1m。

单向运行的跑道出口滑行道应在滑行道趋向跑道入口处设置"禁止进入"标记牌，同时应在滑行道上增设"NO ENTRY"标志，文字方向朝向趋近跑道方向，见图3-38。

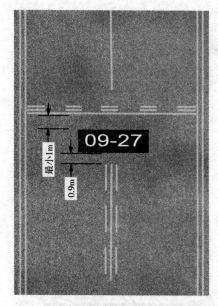

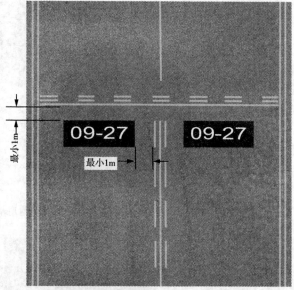

（a）飞行区指标Ⅱ为A、B、C和D的
滑行道上的强制性指令标志

（b）飞行区指标Ⅱ为E和F的滑行道上的强制性指令标志

图3-37 强制性指令标志（跑道号码）

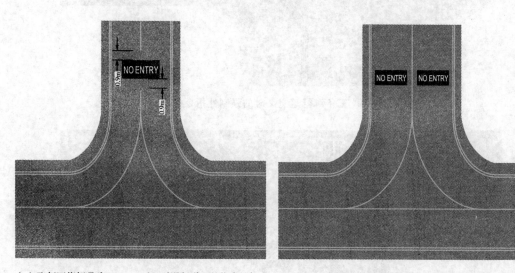

（a）飞行区指标Ⅱ为A、B、C和D时滑行道上的指令性标志

（b）飞行区指标Ⅱ为E和F时 滑行道上的指令性标志

图3-38 "NO ENTRY"标志

当两条滑行道交叉于同一跑道的一端时，强制性指令标志仅显示这一侧的跑道号码，如图3-39所示。

当三条滑行道交叉时，强制性指令标志的设置如图3-40所示。

弯曲型跑道等待位置标志以及强制性指令标志的设置如图3-41所示。

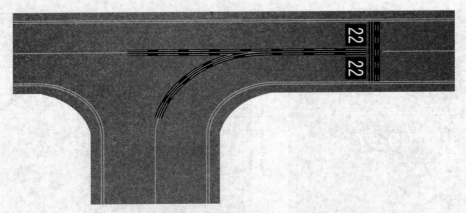

图 3-39　两条滑行道交叉于同一跑道端头的强制性指令标志

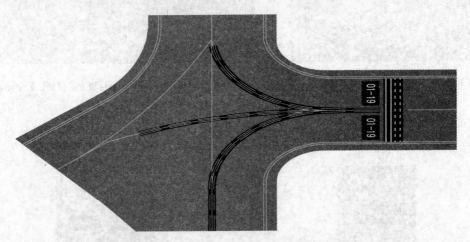

图 3-40　三条滑行道交叉时的强制性指令标志

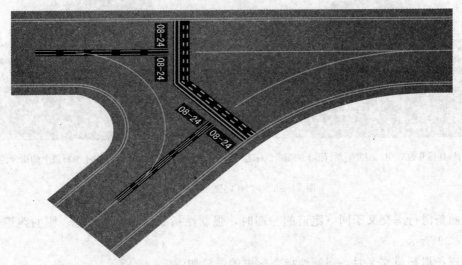

图 3-41　弯曲型跑道等待位置标志及强制性指令标志

两条相距较近跑道的强制性指令标志的设置如图 3-42 所示。

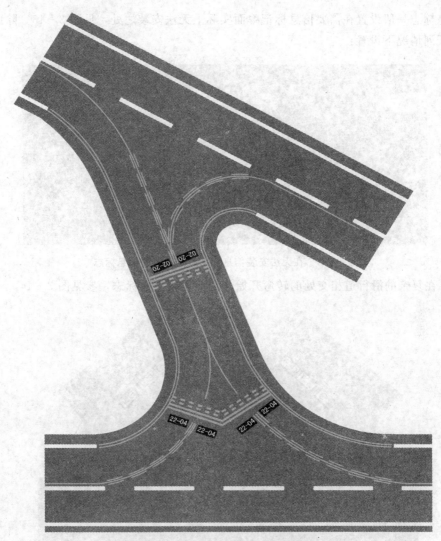

图 3-42 两条近距跑道之间的强制性指令标志

二、信息标志

（一）信息标志的颜色、尺寸与构型

当信息标志代替或补充位置标记牌时，为黑色背景加黄色字符；当其代替或补充方向标记牌或目的地标记牌时，为黄色背景加黑色字符。如果标志的背景颜色与铺砌面道面颜色反差不足时，应增加一个颜色与字符相同的边框。

标志的尺寸应符合字符的高度为 4m，因地形限制可以按比例缩小，但不得小于原有尺寸的一半。标志的箭头位于字符的左侧或右侧，按照要求以平行或 45°设置，箭头长度为 2m。最靠近滑行道中线的字符距离该滑行道中线应为 1m，并且该字符与左、下边框（未设边框的，为底色边缘）和箭头尾部的距离均应为 0.5m。字符形状、比例与附录 I 所示一致。

（二）信息标志的设置位置

信息标志应在需要之处横过滑行道或机坪道面设置，位于能从趋近的航空器驾驶舱内看清楚之处。

信息标志一般设置在需要信息标记牌而实际上无法安装之处，见图 3-43。除此之外，还应在下列情况下设置：

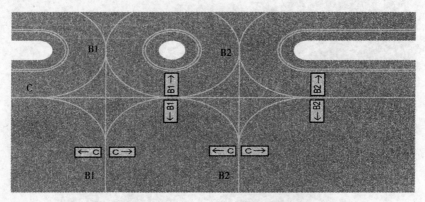

图 3-43　在无法安装信息标记牌处设置的信息标志

（1）在复杂的滑行道相交处的转弯开始点之前设置方向标志，参见图 3-44。

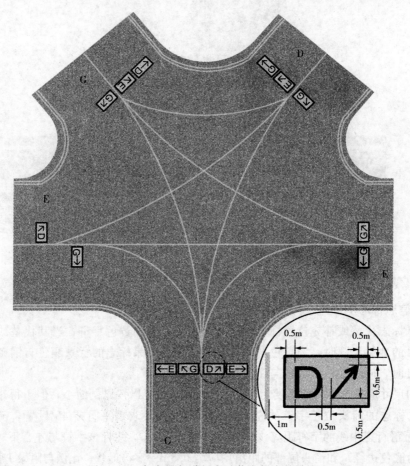

图 3-44　复杂滑行道相交处信息标志的设置

注：不允许航空器滑行路线，则不划设相应的滑行道中线，也不提供相应的方向引导标志。

（2）运行经验表明增设一个滑行道位置标志可能有助于驾驶员的地面滑行，见图 3-45。

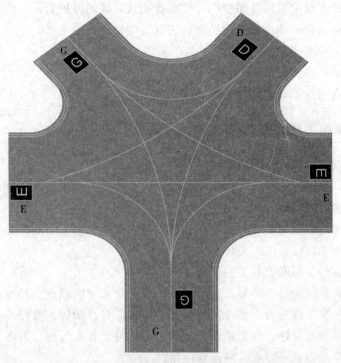

图 3-45 复杂滑行道交叉处增设的位置标志

（3）在很长的滑行道全长，宜按 300～500m 的间距设置位置标志，见图 3-46。

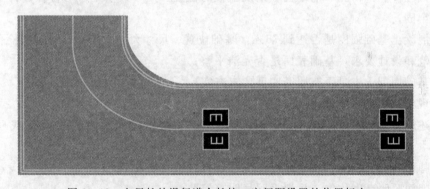

图 3-46 在很长的滑行道全长按一定间距设置的位置标志

（4）因受净距要求、地形限制或其他原因导致标记牌只能设置在滑行道右侧时，宜在地面设置信息标志作为标记牌的补充，见图 3-25。

滑行道中线每侧最多可设置两套地面标志，以不超出道面宽度为准；如需要设置更多，可将指明去往近处的标志设置在飞机行进方向的下方，远处的则设置在飞机行进的前方。

第四节 标记牌施工与维护

一、标记牌施工工序

标记牌安装应按以下程序进行：

（1）标记牌的安装位置测量埋桩后，经检查确认，预埋保护管；

（2）确认基础高程，预置线缆保护管后进行基础浇注；

（3）安装标记牌底座；

（4）铺设线缆，做接头，检测合格；

（5）检查牌面信息正确，方可安装。

二、标记牌施工质量要求与验收

（一）标记牌施工质量要求及检查内容

材料到场后，要进行收货验收，确定符合要求并能提供正规技术文件的，才能在施工中使用。主要检验以下项目：

（1）包装机密封性是否良好，在运输过程中是否受到碰撞、雨淋、受潮等破坏；

（2）相关技术、认证、许可文件是否齐全；

（3）附件、备件、特殊安装工具是否齐全；

（4）外观检查：牌面是否平整，外形尺寸、牌面与文字的颜色、尺寸、形状与间隙是否符合标准，逆向反光膜是否平整，接缝处是否衔接良好，铆钉、螺钉连接是否牢靠、接触紧密，焊接质量是否良好、有无裂纹，油漆是否均匀、有无气泡、脱落等现象，电气元件、电线、灯泡等是否符号要求并能正常使用。

标记牌安装之前，还要对基座、电缆沟等进行质量检查，包括：

（1）预埋件、预留孔、电缆沟、槽及盖板的位置、尺寸大小是否均符合设计要求，预埋件是否牢固；

（2）混凝土基础强度是否达到75%，基础位置、尺寸大小、高程、地脚螺栓孔是否符合施工规范和设计要求，基础表面是否光洁平整；

（3）基础周围土方是否按照密实度要求夯实；

（4）现场杂物是否清理完毕。

在上述质量达到要求以后，就可进行标记牌安装，在安装过程中及完成后，必须确保：

（1）牌面内容、朝向、发光颜色及支柱易折性符合要求；

（2）牌面照明亮度均匀，目视无明显明暗偏差；

（3）电气接线牢固可靠；

（4）标记牌密封圈的沟槽保持清洁，密封圈位置正确；

（5）牌面垂直于临近道面中线或滑行道中线标志；

（6）紧固件齐全、安装牢固，进出线保护管口封堵严密；

（7）标记牌至边线的距离允许偏差为±50mm，牌面与边线角度允许偏差为±2°，纵向距离允许偏差为±300mm；

（8）多牌面标记牌顶部要同高，相邻牌顶高差不大于2mm，总高差不大于5mm，牌面平整度不大于1mm。

与此同时，与标记牌配套的灯箱及隔离变压器要求：

（1）灯箱与保护接地线必须可靠连接。

（2）灯箱表面光洁、无毛刺，灯箱无裂纹或缺损，密封应良好。

（3）灯箱的管螺纹应完整、正确，断丝或缺丝不超过螺纹全扣数的10%。

（4）灯箱在安装前应按每批订货量的5%做水密性抽查，以历时24h不渗漏为合格。如有渗漏，应加倍抽查，直至逐个检查；不合格的灯箱修补后，再做水密性检查，如合格，方可使用。

（5）灯箱与进出线缆保护管连接处应做密封处理，灯箱内应清扫干净，密封垫圈尺寸选用应恰当，箱体与箱盖之间的密封应良好。

（6）安装完成后，灯箱顶部相对于基础表面的高度宜不大于60mm。

（7）安装前对隔离变压器进行电气测量：初、次级绕组的直流电阻；初、次级间和初级对地的绝缘电阻，采用2500V兆欧表测量，其绝缘电阻应趋于无穷大。

（8）隔离变压器接地端子与保护接地线应可靠连接。

（9）隔离变压器的插头与插座应插接牢靠，并有密封措施。

（10）熔断器的底板支架为绝缘材料制作。

（二）标记牌质量抽查及验收标准

按交验数量的3%抽查标记牌内外清洁性，结构及安装牢固性，紧固螺母与螺栓的完整性及电气接线的正确、可靠与密封性；按10%抽查标记牌的发光颜色及朝向、照明的均匀性、牌面有无破裂与裂纹、牌面信息与安装位置的符合性；按3%抽查灯箱内部清洁，密封良好，接地可靠；按3%抽查隔离变压器插接件的插头与插座接触良好，插拔力适中，密封良好；插头与插座的接地线应可靠连接；其他项目需要100%进行检测。

允许偏差的项目检测数据符合率不小于90%为合格，其他项目实测或抽查全部满足要求为合格。

三、标记牌日常维护

滑行引导系统标志牌维护多为反光涂料材料制作，要求字迹清晰反光效果良好，要经常清除灰尘污染，使用年限过久字迹和反光效果模糊的应重新刷写或更新。

 学完本部分后回答下列问题：

1. 滑行道系统在命名过程中有哪些注意要点？

2. 方向标记牌在设置中要注意什么，其上信息如何表达？

3. 目的地标记牌通常有哪些信息，各代表什么含义？

4. 跑道号码标记牌有哪几种形式，与位置标记牌如何搭配？

5. 标记牌如何命名？

6. 标记牌上符号的尺寸与形状怎样确定？

7. 哪些情况下要设置信息与指令标志，有什么作用？

8. 对标记牌的施工质量有哪些要求，什么情况下可确认合格？

第四章　机场标志物

机场的标志物包括风向标、着陆方向标、无铺砌面跑道边线标志物、滑行道边逆向反光标志物、停止道边线标志物、无铺砌面滑行道边线标志物、边界标志物等。该类标志一般不含文字信息，仅由简单图案组成，给驾驶员起到一定的提示与警戒作用。

图 4 - 1　机场标志物

需要掌握的知识和技能如下：

➢ 指示标的种类与特性；

➢ 标志物的种类与特性；

➢ 滑行道相关标志物的设置位置要求；

➢ 滑行道边逆向反光标志物的技术指标要求；

➢ 滑行道边逆向反光标志物的验收质量要求与检验方法；

➢ 标志物模型制作。

第一节　指示标概念

（一）风向标

1. 设置位置

每个机场必须至少设置一个风向标，其所在位置必须能被在飞行中的或在活动区上的飞机看得见，并不受附近物体引起的气流干扰。风向标一般设置在跑道两端的瞄准点标志附近，位于从着陆方向看去的跑道左侧45～105m的地方。

2. 构型

风向标应为截头圆锥形，由织物制成，长度应不小于3.6m，大端直径应不小于0.9m。装设的风向标应能明确地指明地面风的方向，并能大致地显示风速。其颜色一般为白色与橙色、白色与红色或白色与黑色两种颜色组成的五个两色相间的环带，两端环带颜色要求用较深色。

3. 其他要求

至少应有一个风向标的位置用直径为15m、宽1.2m的圆环标出。圆环应以风向标的支架为中心，并应选用足够醒目的颜色，最好为白色。

准备在夜间使用的机场至少应有一个风向标设有照明。

（二）着陆方向标

1. 设置位置

在未设有目视进近坡度指示系统的跑道入口以内，应设置着陆方向标。一般设置在从着陆方向看去的跑道左侧，距跑道近边15m处，至跑道入口的距离应约为跑道长度的1/15～1/10，根据使用机型确定。"T"字的横划应与跑道中线垂直，且由进近方向看为字母"T"。

2. 构型

着陆方向标"T"的形状和最小尺寸必须如图4-2所示。着陆方向标"T"的颜色必须为白色或橙色，两者中选择观察时与背景反差最好的。

需供夜间使用的机场，着陆方向标"T"必须设有照明或以白色灯勾画其轮廓。

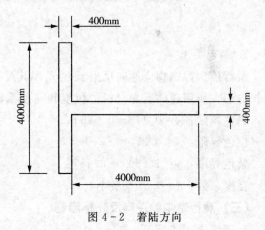

图4-2　着陆方向

第二节　标志物设置

（一）总体要求

跑道或滑行道附近的标志物应为易折结构，并且要低得足以保持与飞机螺旋桨和喷气飞机发动机吊舱有足够的净距。

为了防止标志物从基座断开后被风吹走，必要时用地锚或铁链将其拴住。

（二）滑行道边逆向反光标志物

1. 设置位置与间距

飞行区指标Ⅰ为1或2的机场，未设置滑行道中线灯、边线灯或中线标志物的滑行道，需要设滑行道边逆向反光标志物，如图4－3所示，但只有跑道长度不足1200m时，才可用滑行道边逆向反光标志物完全代替滑行道边灯。滑行道边逆向反光标志物至少设置在假定的滑行道边灯的位置上，但纵向间距宜为30m，在转弯处或分支处间距应缩小。其横向位置位于承重道面之外距道面边缘3m之内的地方。在上述基础上，道边标志物的数量可适当增加。

图4－3　滑行道边逆向反光标志物

2. 颜色要求

滑行道边标志物应逆向反射蓝色光，其反射面在驾驶员看来应为面积不小于150cm^{2}的长方形。所用逆向反光材料的色度和亮度系数按CIE公式如下：

绿色界限：$y=0.118+0.675x$；

白色界限：$y=0.370-x$；

紫色界限：$y=1.650x-0.187$；

亮度系数：$\beta=0.01$（最小）。

（三）滑行道中线逆向反光标志物

1. 设置位置与间距

飞行区指标Ⅰ为1或2的机场，未设置滑行道中线灯、边灯或滑行道边标志物的滑行道，应设置滑行道中线逆向反光标志物。或飞行区指标Ⅰ为3或4的机场，未设置滑行道中线灯但需要加强滑行道中线标志引导的滑行道，也需设置滑行道中线逆向反光标志物。

滑行道中线逆向反光标志物应设置在滑行道中线标志上，如不便设置则可以偏离滑行道中线至多0.3m。其在直线段上的纵向间距一般不大于30m，但以下情况除外：

（1）由于能见度经常良好，较大间距仍能提供足够的引导，间距可以扩大至不大于60m；

（2）短的直线段应采用小于 30m 的间距；

（3）在跑道视程小于 350m 时使用的滑行道应采用不大于 15m 的间距。

弯道上的滑行道中线标志物应由滑行道直线段的中线标志物延伸，保持中线标志物外侧边缘的距离不变，中线标志物在弯道上的间距根据弯道半径确定见表 4-1。

表 4-1 弯道上的滑行道中线标志物间距

弯道半径（m）	标志物间距（m）
400 以下	7.5
401～899	15
900 以上	15（跑道视程小于 350m）/30（跑道视程等于或大于 350m）

上列间距应保持到弯道前后各 60m 处，在跑道视程等于或大于 400m 的情况下，上列间距可仅保持到弯道前后各 30m 处。

快速出口滑行道上的滑行道中线标志物应从滑行道中线曲线起始点以前至少 60m 处的一点开始，一直延续到曲线终点以后滑行道中线上预期飞机减速至正常滑行速度的一点为止，或者继续延伸至与滑行道直线段上的中线标志物相接。平行于跑道中线的那部分滑行道中线标志物应始终距离跑道中线至少 60cm，其纵向间距不大于 15m。

非快速出口滑行道上的滑行道中线标志物应从滑行道中线标志到跑道中线开始弯出那一点开始，沿着弯曲的滑行道中线标志至少延伸至该标志脱离跑道的地点为止。第一个标志物距离跑道中线至少 60cm，间距不大于 7.5m。

在上述基础上，滑行道中线标志物的数量可适当增加。

2. 颜色要求

滑行道中线标志物应逆向反射绿光，其反射面在驾驶员看来应为面积不小于 20cm^2 的长方形。所用逆向反光材料色色度和亮度系数按 CIE 公式如下：

黄色界限：$y=0.711-1.22x$；

白色界限：$y=0.243-0.670x$；

蓝色界限：$y=0.405-0.243x$；

亮度系数：$\beta=0.03$（最小）。

3. 其他要求

滑行道中线标志物在设计和安装时，应确保其在受到飞机轮胎压力时不致损坏，也不损坏飞机轮胎。

（四）无铺砌面的跑道边线标志物

当无铺筑面的跑道表面与周围地面不能清楚地显示出跑道的范围时，应设置标志物。在设有跑道灯的地方，标志物应与灯具结合在一起。在未设有跑道灯的地方，应用扁平长方形或锥形的标志物清晰地勾画出跑道的边界。扁平长方形标志物的尺寸应不小于 1m×3m，并应使其长边平行于跑道中线。锥形物的高度应不超过 50cm。

（五）停止道边线标志物

当停止道的表面与周围地面不能清楚地显示出停止道的范围时，应设置标志物。停止道边线标志物应与使用的跑道边线标志物有足够的区别，以保证标志物不会被混淆。

（六）积雪跑道边线标志物

当积雪跑道未能用其他方法标出其可用界限时，应采用积雪跑道的边线标志物标出其可用界限。跑道灯可能用来标出跑道界限。积雪跑道的边线标志物应沿着跑道两边设置，间距不大于100m，并对称于跑道中线，与中线的距离应使其与飞机翼尖和发动机有足够的净距。横贯跑道入口和末端应设置足够数量的标志物。积雪跑道的边线标志物应由醒目的物体如高约1.5m的常青树或轻型标志物组成。

（七）无铺砌面的滑行道边线标志物

在无铺筑面的滑行道的外貌与周围地面相比不能清楚地显示出滑行道的范围时，应设置标志物。在设有滑行道灯的地方，标志物应与灯具结合在一起。在未设有滑行道灯的地方，应用锥形的标志物清晰地勾画出滑行道的边界。

（八）边界标志物

起飞着陆区内没有跑道的机场应设置边界标志物。边界标志物应沿起飞着陆区的边界设置。边界标志物应采用如图4-4所示的标志物，或采用高度不小于50cm、底部直径不小于75cm的锥形体。如采用如图4-4所示的标志物，其间距应不大于200m；如采用锥形标志物，间距应约为90m；每一转角处均应设置一个标志物。标志物的颜色应与观察它时看到的背景形成鲜明的反差，应采用单色橙色或单色红色，或橙与白，或红与白两种有反差的颜色，除非这些颜色与背景融成一片。

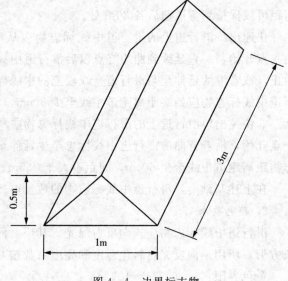

图4-4 边界标志物

（九）不适用区域标志物

1. 基本要求

在滑行道、机坪、等待坪上不适宜航空器活动，但仍可能让航空器在其旁边安全通行的任何部分，必须展示非适用区域标志物，夜间使用时，还需要加标志灯。不适用地区标志物必须能够勾画出不适用地区的范围且间距足够紧密，一般为鲜明竖立的器件，如旗帜、锥体或标志板等。

2. 颜色与尺寸

如果使用锥体，则该锥体的高度不应小于50cm，颜色为红色、橙色或黄色，或者上述任一种颜色与白色的组合。

如使用旗帜，则旗面为最小50cm的正方形，颜色为红色、橙色或黄色，或上述任一颜色与白色的组合。

不适用地区标志板的牌面最小为高50cm、长90cm，其上涂以红白相间或橙白相间的竖直线条。

第三节 滑行道逆向反光标志物的设置与验收

（一）分类与命名

1. 类型

逆向反光标志物按其安装底座的形式可以分为 A、B、C 三种：

A——地锚式底座；底座下端为易打入地下的尖端或扁形，适于安装在无铺砌面上。

B——嵌入式底座；底座为笔筒形，预埋在铺砌道面内，适于永久性地安装在铺砌道面上。

C——平底式底座；底座类似法兰盘形，适用于安装或胶固在铺砌面上。

也可以按其易折方式分为 D、P、W 三种：

D——标志物在受到碰撞时，其易折件折断；

P——标志物无易折件，在受到碰撞时底座以上部分破碎或折断；

W——标志物无易折件，在受到碰撞时底座以上部分弯倒。

2. 命名方式

其命名型号可以表示为：

TRM——×——×——××

TRM 代表逆向反光标志物；第一个"×"代表易折方式；第二个"×"代表底座安装形式；"××"代表标志物安装的总高度，以 cm 为单位。

（二）技术要求

1. 环境要求

逆向反光标志物必须长期适应以下室外环境：

（1）温度：$-55℃～+65℃$；

（2）湿度：相对湿度 $10\%～99\%$；

（3）腐蚀：暴露于盐雾之中；

（4）风速：最高 160km/h；

（5）雨：大暴雨。

2. 总体结构要求

标志物具有符合要求的逆向反光面积，并能够将射来的光线朝着光线来源方向反射回去。标志物一般为柱形，其结构在受到飞机碰撞时不对飞机造成损坏。逆向反光材料为蓝色并牢固地附着在标志物主构件上，不会滑动或松开。标志物表面应平滑，无明显皱纹、凹痕或变形。逆向反光材料的拼接应尽可能少。

3. 尺寸要求

从任一水平方向观察时，标志物的逆向反光面积不小于 $15000mm^2$ 并为矩形。标志物安装后的逆向反光面积从安装表面 50mm 以上开始计算，正投影宽度为 50～200mm，总高度不大于 350mm。只有在积雪地区才允许大于 350mm，但最高不大于 750mm。

4. 抗风性能

安装后的标志物，能承受 160km/h 的风力荷载，不出现折断或永久性变形，标志物及其部件不会被飞机气流吹走、吸入或改变位置。当风速为 80km/h 时，保持形状不变。

5. 易折性

标志物在受到飞机碰撞时不受损伤，标志物则出现弯倒、破碎或折断等情况。当标志物设有易折点时，易折处距离安装表面不大于 38mm，折断后，易折件的残留部分以能轻易从底座中取出为宜。

6. 材料要求

标志物主要构件由轻质材料和（或）脆性材料制成，部件使用的材料具有耐腐蚀性或镀有防腐层。

逆向反光材料的色度性能、逆反射系数和发光强度系数要符合交通运输行业标准 JT/T 279—1995 的要求。反光材料外表可以加保护层，但不能影响逆向反光性能。

7. 外观要求

目视检查标志物的表面是否平整光滑，有无明显皱纹、凹痕或变形，反光材料的附着和拼接是否符合要求，并采用下列方法检测：

（1）用直尺测量并计算标志物有效部分的逆向反光面积是否符合上述要求；

（2）用直尺测量标志物的直径和顶部至预定安装表面的高度是否符合上述要求；

（3）检查易折件的形状是否正常和至安装表面的距离是否符合上述要求。

（三）验收方法与标准

在标志物安装前后，应对标志物部件和安装好的标志物的外观、色度性能、易折性等进行质量检验，以确定是否符合使用要求。检验项目与标准见表 4-2 所列。

表 4-2　标志物交接验收检验项目

序号	项目	方法与要求	抽样数量	
			型式检验（只）	接收检验批量百分比（%）
1	外观检测	按"外观要求"中进行并符合要求	3	100
2	色度性能检测	色度性能实验，按 JT/T279 进行	3	100
3	光度性能检测	光度性能试验，按 JT/T279 进行	3	100
4	耐候性检测	耐候性试验，按 JT/T279 进行	3	100
5	盐雾腐蚀检测	盐雾腐蚀试验，按 JT/T279 进行	3	100
6	高低温检测	高低温试验，按 JT/T279 进行并符合"环境要求"	3	100
7	风荷载检测	风荷载试验，标志物按正常状态固定在风洞内，风速提高到 80km/h 保持 10min 并符合"抗风性能"的要求为合格	3	100

（续表）

序号	项目	方法与要求	抽样数量	
			型式检验（只）	接收检验批量百分比（%）
8	易折性检测	有易折件的标志物，按 CB 7256.1进行； 无易折件标志物，按图4-5所示，采用钢管撞击试验进行；当标志物被撞断、撞碎或弯倒且钢管不出现明显痕迹为合格	3	1（不少于2具）

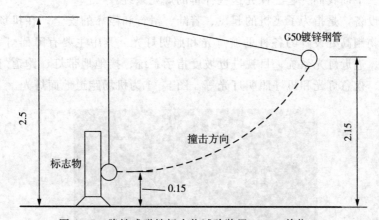

图4-5 脆性或弹性标志物试验装置　　单位：m

注：钢管在初始位置时势能为196J，撞击标志物时的速度为6.26m/s。

学完本部分后回答下列问题：

1. 滑行道相关标志物与对应位置的助航灯光设置位置有哪些异同点？

2. 如何为滑行道逆向反光标志物命名？

3. 如何检测标志物的易折性？

第五章 机场地面灯光

　　第一套机场跑道灯光系统于 1930 年在克里夫兰市立机场（现称克里夫兰霍普金斯国际机场）开始使用。时至今日，机场的灯光系统日益完善，目前机场的灯光系统主要分为进近灯光系统、着陆灯光系统和滑行灯光系统，这些灯光系统共同构成了夜晚机场五彩斑斓的灯光世界。下面我们一起去探究这些神奇的灯光系统。

　　地面灯光设备，是指为了飞机的起飞、着陆、滑行和停靠的安全，在机场内以及在附近地区的障碍物制高处设置的各种助航灯光和照明灯光。其中主要有障碍灯、机场灯标、跑道识别灯标、进近灯光系统、目视进近坡度指示系统、接地地带灯、跑道灯光系统、滑行道灯光系统、夜急灯光和机坪照明灯光等。图 5-1 为机场跑道地面灯光。

图 5-1　机场跑道地面灯光

需要掌握的知识和技能如下：

➢ 机场地面灯光的分类；

➢ 灯光特性；

➢ 航空障碍灯的定义；

➢ 航空障碍灯的分类；

➢ 航空障碍灯的维护。

第一节 助航灯光设备

助航灯光设备主要是在白天低能见度下和夜晚为进近着陆的飞机提供目视助航信息，帮助飞行人员顺利完成进近着陆。

飞机在飞行中，驾驶员可以用两种办法控制飞机：一种方法是用自动驾驶仪；另一种方法是驾驶员进行人工控制。人工控制又分为两种方法：一种是参照仪表板，由飞行指挥仪表系统为驾驶员做出判断；另一种方法是完全参照外部世界，利用目视参考物做出自己的全部判断。后一种方法是以有足够的能见度和明确的地平线为先决条件，我们称其为目视飞行。

在目视飞行中最困难的工作是向跑道进近时的判断和随后的着陆机动。这时，驾驶员必须仔细地控制速度，同时还要不断地进行三维的调整以跟踪正确的航道。为了平稳地接地，必须在"拉平"操作中同时保持较小速度和下降率，使飞机轮子正好在机翼失速或即将失速时接触跑道。接地后还需估计剩下的跑道长度，这就需预先得到跑道出口位置提示。离开跑道还要通过滑行道把飞机正确地停靠到机坪里。

研究表明，驾驶员由外界目视参考物变至仪表，再由仪表变至外界参考物所需的平均时间为 2.5s。由于高性能的飞机在这段时间里将行进 150m 左右，所以，目视助航设施应在可能条件下最大限度地提供引导和信息，使驾驶员在前进时无须对其仪表进行校核。

为使驾驶员有序、安全地完成一系列的动作，机场设置一系列的目视助航设施，供驾驶员参考。这些目视助航设施的正常工作对飞机的安全起落是非常重要的。

不同类型机场，需要的目视助航设施也有所不同。当气象低于目视气象条件时，地面目视助航设施对飞行安全的作用就越发重要，它对目视助航灯光的要求也较小机场严格多了。

对于各类型机场的目视助航设施的设置应符合国际标准。机场的标准和建议措施是理事会根据《国际民用航空公约》（芝加哥，1944 年）第三十七条的规定，于 1951 年 5 月 29 日首次通过的，并将其定为《国际民航公约》附件 14。这些标准和建议措施是以机场、航路和地面助航设施专业会议 1947 年 9 月第三次会议和 1949 年 11 月第四次会议中所提出的建议为依据的。

我国机场的目视助航设施全部都是按国际标准设置的。目视助航设施中，助航灯光尤其重要。通常称"助航灯光"是飞机的眼睛。

机场目视助航灯光是机场助航设施之一，目视助航设备的主要功能是在白天低能见度下和夜晚为进近着陆的飞机提供目视助航信息，帮助飞行人员顺利完成进近着陆。

对助航灯光有构形（Configuration）、颜色（Color）、光强（Candelas）、有效范围（Coverage）等四方面的要求，简称四个"C"。构形和颜色能提供动态三维定位的重要信息。构形提供引导信息，而颜色告诉驾驶员其在此系统中的位置。光强和有效范围是指对构形和颜色作用的正常发挥非常重要的光的特性。驾驶员应对系统的构形和颜色非常熟悉，并且应能感到增加或减少光的输出时的光强变化。这四个因素适用于所有机场的灯光系统。

1. 构形（Configuration）

构形是指系统的各部分的位置和灯的间距。

2. 颜色（Color）

机场里各种灯光系统由规定的有色灯光组成，以便辨别。同时有色灯光有利于传递指示或信息。红色比别的颜色更容易看到，红色表示危险，禁止通过。绿色表示安全，允许通过。蓝色表示平静，提示"身处港湾"。白色表示明快，突出显眼。飞行员通过观察灯光构形和颜色的变化，可以判断飞机在系统中所处的位置，并采取措施控制飞行的姿态。

3. 光强（坎德拉 Candelas）

发光强度是表征光源在一定方向范围内发出的可见光辐射强弱的物理量，简称光强。光强是光学的基本量，单位为坎德拉（cd）。

在不同的能见度，应该设置什么灯光以及灯的光强都应该按国际民航组织的规范进行。跑道两侧灯光光强应该一致。如果跑道一边的灯亮而另一边的灯暗，驾驶员就会离开亮的一边而接近暗的一边，力图使光强平衡，这就容易使飞行员产生错觉。

4. 光的有效范围（Coverage）

早期的航空地面灯用裸灯泡或有透明玻璃罩的裸灯泡，发光强度在所有方向上基本是相同的。随着航空事业的发展，对光强的要求提高了，灯的结构也随着有所变化。现在灯的结构中使用了带反射镜、透镜或棱镜的灯。把向不需要光的方向发出的光更改到需要的方向，这样能增加需要光的方向上的光强而不增加功率的消耗。另外，光学系统产生的光束越窄，光束的强度就越高。

目视助航设施有如下几种类别：（1）指示标和信号设施；（2）标志；（3）灯光；（4）标记牌。

第二节　机场灯光系统

机场灯光系统主要由以下几类组成：机场灯标、进近灯光系统、目视进近坡度指示系统、跑道灯光和其他灯光。其详细的设置规定见《民用机场飞行区技术标准》（MH 5001—2013）中目视助航设施部分。

一、机场灯标

准备夜间使用的机场必须设置机场灯标。除非在特殊的情况下，在考虑了使用机场的运输业务要求、机场的特征与周围环境对比明显以及装有其他有利于寻找机场位置的目视助航设施等因素后认为不需要时，可以不设置灯标。另外，供夜间使用且从空中用其他目视方法不易识别的机场，必须设置识别灯标。

机场灯标必须设在机场内或机场邻近周围背景亮度低的地方。机场灯标的各重要方向不能被物体遮蔽，并对进近着陆的飞行员不产生眩光。机场灯标必须显示有色与白色交替的闪光或仅显示白色闪光。总的闪光频率必须为 20～30 次/min，而以不少于 20 次/min 为好。陆地机场灯标的有色闪光必须为绿色；水上机场的有色闪光必须为黄色；水陆两用机场如用有色闪光，必须根据机场规定的主要用途来选择闪光的颜色。

二、进近灯光系统

进近灯光系统的作用是辅助飞机进近和着陆过程的目视导航系统。进近灯光系统分为简易进近光系统，以及Ⅰ类、Ⅱ类和Ⅲ类精密进近灯光系统。其中，简易进近灯光系统用于非仪表跑道和非精密进近跑道。如果该跑道进近能见度良好或有其他目视助航设备提供足够的引导时可以不设。其他三类精密进近灯光系统用于相对应的精密进近跑道，如果白天能见度不好，进近灯光系统也能提供目视引导。

1. 简易进近灯光系统

简易进近灯光系统由中线灯和横排灯组成。

中线灯必须由一行位于跑道中线延长线上，而且延伸到离跑道入口不小于 420m 处的灯具组成。

横排灯距离跑道入口 300m，且构成一个 18m 或 30m 的横排。构成横排灯的灯具必须设置在一条实际可行的接近水平的直线上，垂直于中线灯线被其平分。横排灯间距离在 1m 至 4m 之间。采用 30m 的横排灯时，可在中线两侧各留一个空隙。这个空隙必须保持在最小值以满足当地要求，并不能大于 6m。

构成中线灯具的纵向间距必须为 60m，只有在需要改善引导作用时可采用 30m 的距离。最靠近跑道的灯必须根据选用的中线灯的纵向间距设在距跑道入口 60m 或 30m 处。

简易进近灯光系统的灯具必须是恒定发光灯，灯光颜色必须易于和其他地面灯及可能存在的外界灯光区分开来。在因周围灯光使简易进近灯光系统难于在夜间识别的地方，可在该系统的靠外部分加装顺序灯光来解决。

2. Ⅰ类精密进近灯光系统

Ⅰ类精密进近灯光系统由中线灯和横排灯组成，这两种灯既可以是单个灯，也可以是多个灯。

中线灯必须由一行位于跑道中线延长线上，且尽可能延伸到离跑道入口 900m 处的灯具组成。横排灯在距离跑到入口 300m 处构成一个长 30m 的横排。

构成中线灯的灯具的纵向间距必须为 30m，最靠里的灯位于离跑道入口 30m 处。中线灯可以是不少于 4m 长的短排灯（也可以是单个灯）。当短排灯由近似点光源的灯组成时，短排灯内的距离为 1.5m。构成横排灯的灯具之间的距离要求同简易进近灯光系统。

Ⅰ类精密进近灯光系统的灯具必须是发可变白光的恒定发光灯。如果中线灯由短排灯构成，每个短排灯应附加一个电容放电灯（顺序闪光灯）。

3. Ⅱ类、Ⅲ类精密进近灯光系统

Ⅱ类、Ⅲ类精密进近灯光系统由中线灯、横排灯和侧边灯组成，这三种灯均为排灯。

中线灯必须由位于跑道中线延长线上，而且尽可能延伸到距跑道入口 900m 处的灯具组成。中线灯具的纵向间距必须为 30m，最靠里的灯位于距跑道入口 30m 处。此外，本系统还必须有两行延伸到距跑道入口 270m 处的侧光灯以及两排横排灯，一排在距入口 150m 处，另一排在距入口 300m 处。

Ⅱ类和Ⅲ类精密进近灯光系统靠近跑道入口第一个 300m 部分的中线灯必须由发可变白光的短排灯组成。当跑道入口内移 300m 或更多时，这部分的中线灯才可由发可变白光的单灯组成。短排灯的长度必须至少 4m，当短排灯是由近似点光源组成时，灯具必须以不大于 1.5m 的间距均匀分布。

侧边灯的灯具必须位于中线的两侧，其纵向间距与中线灯的纵向间距相等。第一个短排灯设于距入口 30m 处。两行侧边灯最靠近中线的灯具之间的横向间距必须介于 15m 和 22.5m 之间，最好是 18m。但是在任何情况下它必须与接地地带灯的横向间距相同。

设在距跑道入口 150m 处的横排灯必须填满中线灯和侧边灯之间的空隙。设在距跑道入口 300m 处的横排灯必须由中线向两侧各伸出 15m 距离。

侧边灯必须由发红光的短排灯组成。每一侧边短排灯的长度和灯间距与接地地带灯的短排灯的长度和灯间距相同。构成横排灯的灯具必须是发可变白光的恒定发光灯。灯具必须以不大于 2.7m 的间距均匀布置。红色灯具的光强必须与白色灯灯具的光强相协调。

三、目视进近坡度指示系统（VASIS）

目视进近坡度指示系统是从最后进近到跑道入口的重要的目视设备，服务于任何进近跑道。只要存在下列一种或几种情况时，必须设置目视进近坡度指示系统，以引导飞机向跑道进近。

——涡轮喷气飞机或有类似进近引导要求的飞机使用的跑道。

——任何类型飞机的飞行员由于下述情况可能在进近中感到难于判断：一是目视引导不充分，如日间在水面上或缺乏特征的地面上，夜间在没有足够的外界灯光时；二是容易引起误解的信息，如迷惑人的周围地形及跑道坡度。

——在进近地区存在物体，如果飞机低于正常进近航道下降会引发严重的危险，特别是在没有非目视或其他目视助航设备能发出这些物体存在的警告时。

——跑道任何一端的具体条件在发生飞机过早接地或冲出跑道的情况下会导致严重的危险。

——气象条件经常使飞机在进近中可能受到异常的扰动。

标准的目视进近坡度指示系统有下列几种：

——目视进近坡度指示系统（VASIS）和简化目视进近坡度指示系统（AVASIS）。

——三排目视进近坡度指示系统（3-BAR VASIS）和简化三排目视进近坡度指示系统（3-BAR AVASIS）。

——T 式目视进近坡度指示系统（T-VASIS）和简化目视进近坡度指示系统（AT-VASIS）。

——精密进近航道指示器 PAPI 和简化精密进近航道指示器 APAPI。

以上这些目视进近助航设备均能在最后进近期间向飞行员提供目视进近坡度指示信息。除 PAPI 和 APAPI 外，其余三种目视进近坡度指示系统都存在着航道不够稳定、高度低于 60m、不够精确、维护面积大、在强阳光下不易区分红色和红色、无故障安全说明等缺点，已逐渐被 20 世纪 80 年代后期研制的精密进近航道指示系统（PAPI）所取代。在我国的民用机场里，很多机场装设了 PAPI，但也有一部分机场仍然采用 VASIS。

1. 目视进近坡度指示系统（VASIS）

目视进近坡度指示系统（VASIS）由两个灯具构成，即上风灯组和下风灯组，设置在跑道两侧，每个灯具上部发射白色光束，下部为红色光束（图5-2）。

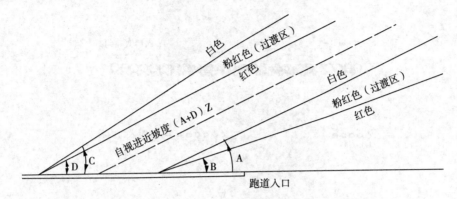

图5-2　目视进近坡度指示系统（VASIS）

飞机在正常进近坡度上，飞行员看到下方灯为白色，上方灯为红色；飞机高于进近坡度时，飞行员看到下方灯和上方灯均为白色；飞机低于进近坡度时，飞行员看到上方灯和下方灯均为红色。当飞机低于进近坡度很多时，位于跑道同一侧的两个上方灯将合并成为一个粗的红色信号。

2. 精密进近航道指示仪（PAPI、APAPI）

精密进近航道指示器（PAPI）系统必须由四个等距设置的急剧变色的灯具组成。除非实际不可行外，该系统必须设在跑道的左侧。

四、跑道助航灯光系统

供白天低能见度或夜间使用的跑道，须按要求设置跑道灯光。跑道灯光系统主要由以下灯光组成。

1. 跑道入口灯

设有跑道边灯的跑道必须设置跑道入口灯（图5-3），仅跑道入口内移并设有跑道入口翼排灯的仪表跑道和非精密进近跑道可以不设。

当跑道入口位于跑道端时，跑道入口灯必须设在垂直于跑道轴线的一条直线上并尽可能地靠近跑道端，在任何情况下不得设在跑道端以外距离大于3m处。当跑道入口自跑道端内移时，跑道入口灯必须设在跑道入口处的一条垂直于跑道轴线的直线上。

当需要使精密进近跑道的入口更加明显时，应设置入口翼排灯。跑道入口已内移的非仪表跑道或非精密进近跑道，需设跑道入口灯而未设时，必须设入口翼排灯。

2. 跑道末端灯

设有跑道边灯的跑道必须设置跑道末端，当跑道入口位于跑道端时，跑道末端灯可以使用跑道入口的灯具。跑道末端必须为向跑道方向发红色的单向光。

3. 跑道中线灯

Ⅱ类或Ⅲ类精密进近跑道上必须设置跑道中线灯。跑道中线灯必须沿跑道中线设置，从跑道入口到距跑道末端900m处的跑道中线灯必须是发可变白光的恒定发光灯；从距跑道末端900m到300m的跑道中线灯必须是交替地发可变白光和发恒定红色光的恒定发光

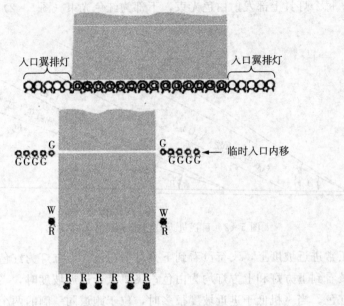

图 5-3　跑道入口灯和翼排灯

灯；从距跑道末端 300m 到跑道末端必须是发红色光灯。

4. 跑道边灯

供夜间使用的跑道或昼夜使用的精密进近跑道，必须成行地沿跑道边缘或跑道边缘以外不大于 3m 处均匀地布置跑道边灯。仪表跑道灯间距离不得大于 60m，非仪表跑道灯间距离不得大于 100m。跑道边灯必须是发可变白光的恒定发光灯，特殊情况和特殊部位除外。

5. 跑道接地地带灯

Ⅱ类或Ⅲ类精密进近跑道的接地地带必须设置接地地带灯。接地地带灯必须从跑道入口开始纵向延伸 900m，但在跑道长度小于 1800m 时必须将该系统缩短使其不致越过跑道中点。该系统必须以对称于跑道中线的短排灯组成。每对短排灯的最里面两个灯的横向间距必须等于接地地带标志所选用的横向间距。两对短排灯之间的纵向距离必须为 30m 或 60m。接地地带灯应为发单向白光。

6. 停止道灯

供夜间使用的停止道必须设置停止道灯。停止道灯沿停止道长、宽设置。停止道灯必须为朝跑道方向单向发红光。

五、滑行道灯光系统

(一) 滑行道中线灯

准备在跑道视程小于 350m 情况下使用的出口滑行道、滑行道和停机坪必须设置中线灯，设置方式必须能从跑道中线开始至停机坪上飞机开始其停放操作的地点为止提供连续的引导。

如果准备在跑道视程为 350m 左右或较大的夜间情况下使用的滑行道，特别是在复杂的滑行道相交处和出口滑行道最好设置滑行道中线灯。只有在交通量不大而且滑行道边灯和中线标志已能提供足够引导的情况下可以不设。

1. 滑行道上的滑行道中线灯

滑行道上滑行道中线灯可分为直线段灯和转弯中线灯。

一般情况下，直线段灯的纵向间距应该不大于30m，但是有些情况除外：在由于经常的气象条件，采用较大的间距仍能提供足够的引导时，可用不超过60m的较大间距；在短的直线段上，应采用小于30m的间距；在拟供跑道视程小于350m的条件下使用的滑行道上，纵向间距不超过15m。

转弯中线灯应与滑行道直线部分的滑行道中线灯衔接，并从衔接处起保持中线灯至弯道外侧边缘的距离不变，灯的间距仍能清晰地显示出弯道来。准备在跑道视程小于350m情况下使用的滑行道上，弯道的灯间距离不超过15m，而在半径小于400m的弯道上，灯间距离不大于7.5m。这个距离应该保持道弯道前后各60m。在准备用于跑道视程为350m或更大情况下的滑行道上，下列灯距是合适的：弯道半径400m以下，灯间距离是7.5m；弯道半径为401~899m，灯间距离是15m；弯道半径为900m或更大，灯间距离是30m。

2. 快速出口滑行道上的滑行道中线灯

快速出口滑行道上的滑行道中线灯应从滑行道中曲线起始点以前至少60m处的一点开始，一直延续到曲线终点以后滑行道中线上预期飞机将降速至正常滑行速度的一点为止。平行于跑道中线的那一部分滑行道中线灯应始终离开跑道中线的任何一排灯（如果设有）至少60m。快速出口滑行道上的滑行道中线灯的纵向间距应不大于15m，在未设有跑道中线灯之处，应采用不大于30m的纵向间距。

3. 其他出口滑行道上的滑行道中线灯

快速出口滑行道以外的出口滑行道上的滑行道中线灯，应从滑行道中线标志从跑道开始弯出的那一点开始，沿着弯曲的滑行道中线标志，至少到该标志离开跑道的地点为止。第一个灯应该距跑道中线灯的任何一排灯（如果设有）至少60m，灯具的纵向间距应不大于7.5m。

4. 跑道上的滑行道中线灯

跑道上作为标准滑行路线的部分以及在拟供跑道视程小于350m的情况下滑行时，其滑行道中线灯的纵向间距不应超过15m。

除了出口滑行道外，滑行道中线灯必须是发绿色光的恒定发光灯，其光束必须只有从在滑行道上或附近的飞机上才能看到灯光。同时，需要限制在跑道上或其附近的发绿光灯具的光束分布，以免在跑道入口混淆不清。

出口滑行道上的滑行道中线必须是恒定发光灯，从靠近跑道中线开始到仪表着陆系统关心敏感地区边界或内过渡面的下面（取二者之中离跑道较远者）为止，滑行道中线灯必须是发绿色光和发黄色光的交替设置。此后所有的灯必须全部是发绿光的。最靠近上述边界的灯必须是发黄色光的。

（二）滑行道边灯

供夜间使用的等待坪、停机坪和供夜间使用的但未设置滑行道中线灯的滑行道必须设置滑行道边灯。如果在考虑了运行性质，认为地面照明或其他方法已经能提供足够的引导时，则无须设置。

滑行道直线部分的滑行道边灯应均匀设置，灯具位置应尽可能可行地靠近滑行道、等待坪、停机坪或跑道等的边缘，或在边缘以外不大于 3m 处。

滑行道边灯必须是发蓝色光的恒定发光灯。灯具必须为朝任一方向滑行的驾驶员提供引导所必要的方位角上、自水平至水平以上至少 30°角的范围内可以看到灯光。在相交、出口或弯道处的灯具必须尽可能地加以遮拦，使得在可能与其他灯光混淆的方位上看不见其发出的灯光。

六、机坪泛光照明

为夜间（低能见度）使用的机坪和指定的隔离飞机的停放位置，设置机坪泛光照明。含有飞机机位的那部分机坪需要较高的照度。每个机位的大小在很大程度上由飞机的大小和安全地操纵飞机出入该机位所需要的面积确定。

第三节　航空障碍灯

航空障碍灯（Aviation Obstruction Light）是助航灯光设备中标识障碍物的特种灯具。为了与一般用途的照明灯有所区别，航空障碍灯不是常亮着而是闪亮。低光强航空障碍灯为常亮，中光强航空障碍灯与高光强航空障碍灯为闪光，闪光频率不低于每分钟 20 次，不高于每分钟 60 次。航空障碍灯的作用就是显示出构筑物的轮廓，使飞行器操作员能判断障碍物的高度与轮廓，起到警示作用。而根据《中华人民共和国特种设备安全法》和民航局最新的文件要求，航空障碍灯作为特种设备，其必须有中国民航局机场司指定的检测中心出具的合格检测报告方才有效。

（一）障碍灯要求

《中华人民共和国民用航空法》及国家有关文件对障碍灯的设置有明确规定：

（1）机场净空保护区的限高或超高建筑物及构筑物应设置飞行障碍灯和标志。

（2）航路上及飞行区周围影响飞行安全的人工障碍物体应当设置飞行障碍灯及标志。

（3）有可能影响飞行安全的地面高耸、高大建筑物和设施，应当设置飞行障碍灯和标志，并保持正常状态。（公安消防交通等部门在城市中建有停机坪，城市上空视为净空，城市中的高大建筑物和构筑物也应设置障碍灯及标志）

下列物体均应作为障碍物加以标志（涂漆或加标志物）和照明：

（1）距离起飞爬升面内边 3000m 以内，突出于该面之上的固定障碍物，应予以标志；如果跑道供夜间使用，还应予以照明。

（2）邻近起飞爬升面的物体，虽然尚未构成障碍物，在认为有必要保证飞机能够避开它时，应予以标志；如果跑道供夜间使用，还应予以照明。

（3）跑道进近面内边 3000m 以内，突出于该面或内过渡面之上的固定障碍物，应予以标志；如果跑道供夜间使用，还应予以照明。

（4）突出于水面之上的固定障碍物，必须予以标志；如果跑道供夜间使用，还应予以照明。

（5）突出于障碍物保护面之上的固定物体，应予以标志；如果跑道供夜间使用，还必须予以照明。

（6）在飞机活动地区内，所有车辆和移动物体除飞机均为障碍物，必须以标志；如果在夜间或低能见度条件下使用还必须加以照明。

（7）在飞机活动地区内的立式航空地面灯必须予以标志，使其在昼夜鲜明醒目。

（8）在《民用机场运行安全管理规定》中规定的至滑行道、机坪滑行道或飞机机位滑行道的中线的最小间距范围内的所有障碍物，必须予以标志；如果这些滑行道或滑行通道在夜间使用则还必须加以照明。

（9）在障碍物限制面范围以外的地区内超出周围地面高度大于150m障碍物，除非经专门的航行研究认为并不构成对飞机的危害，应予以标志和照明。

（10）横跨河流、山谷或公路的架空电线或电缆等，如经航行研究认为这些电线或电缆可能构成对飞机的危害则应予以标志，对其支持杆塔予以标志和照明。

（二）障碍灯设置

航空障碍灯必须为闪光，以便在空中俯视与地面恒定光源有明显区分和能达到规定远的可视距离。

1. 航空障碍灯的分类

（1）障碍灯一般分为低光强、中光强和高光强三种：45m以上的建筑物及其设施主要使用闪光的中光强和高光强障碍灯。

（2）超过45m以上的建筑物及其设施使用中光强障碍灯并必须为红色闪光灯，闪光频率应为每分钟20~60次，闪光的有效光强不小于1600cd。

（3）超过150m以上的建筑物及其设施使用高光强障碍灯并必须为白色闪光灯，闪光频率应为每分钟40~60次，有效光强随背景亮度而定（一般要求有效光强为2000cd）。

2. 航空障碍灯的设置分布

（1）航空障碍灯的设置应标示出障碍物的最高点和最边缘（即视高和视宽）。一个或多个低、中光强或高光强障碍灯必须尽可能可行地靠近物体的顶端设置。顶端的障碍灯必须布置得至少能够显示出物体相对于障碍物限制面的最高点或最高边缘。但在实际使用时由于考虑到防雷击，一般依据高度不同缩进1~3m。对烟囱或其他类似性质的构筑物，应将顶部的灯设置在顶部以下足够低的位置使其受烟雾等的污染降至最小。一般低3~5m。

（2）如果物体的顶部高出其周围地面45m以上，必须在其中间层加设障碍灯，每层障碍灯的距离必须不大于45m并尽可能相等（城市中百米以上的超高建筑物尤其要考虑中间层加设障碍灯）。地处城市和居民区附近的建筑物设装中间层障碍灯时，应考虑避免使居民产生眩光。一般要求从地面只能看到散逸的光线。由B型中光强障碍灯标示的障碍物的顶部比周围地面或附近建筑物（当障碍物被多个建筑物包围时）的顶部标高高出45m以上时，必须在中间增设障碍灯。增设的中间层障碍灯必须为交替的B型低光强障碍灯和B型中光强障碍灯，应视情况在顶部障碍灯与地面或附近建筑物顶部标高之间尽可能地以不大于52m的等距离设置。由C型中光强障碍灯标示的障碍物的顶部比周围地面或附近建筑物（当障碍物被多个建筑包围时）的顶部标高高出45m以上时，必须在中间增设障碍灯。增设的中间层障碍灯必须视情况在顶部障碍灯与地面或附近建筑物顶部标高之间尽

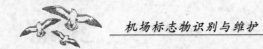

可能地以不大于 52m 等距离设置。

（3）外形广大的建筑群所设置的障碍灯应能从各个方面看出建筑物的轮廓，水平方向也可参考以 45m 左右的间距设置障碍灯。

（4）对于 105m 的超高物体、设施或铁塔、楼顶塔等，应在其顶端设置中光强 A 型障碍灯，并为白色闪光，其下部分层设置红色中光强 B 型障碍灯。由 A 型中光强障碍灯标示的障碍物的顶部比周围地面或附近建筑物（当障碍物被多个建筑物包围时）的顶部标高高出 105m 以上时，必须在中间增设障碍灯。增设的中间层障碍灯必须视情况在顶部障碍灯与地面或附近的建筑物顶部标高之间尽可能地以不大于 105m 等高设置。

（5）高于 150m 的超高物体（如广播电视塔、大跨越斜立桥等）应在其顶端设置高光强 A 型障碍灯，并且应以中、高光强障碍灯配合使用。

（6）超高压输电线铁塔应设置高光强 B 型障碍灯，并为三层同步闪光。位置为塔顶、电缆下垂最低点及二者中间位置，且需沿电缆走线方向设于铁塔外侧。

（7）不论哪种障碍灯，其在不同高度的障碍灯数目及排列，应能从各个方位都能看到该物体群轮廓，并且考虑障碍灯的同步闪烁，以达到明显的警示作用。

一般可参照下列方式设置障碍灯：外形广大的建筑群设置的障碍灯应能从各个方位看出物体的轮廓，水平方向也可参考以 45m 左右的间距设置障碍灯。一般建筑应在其顶端安装障碍灯。高于 150m 超高物体，在其顶端设置高光强 A 型障碍灯，并与中光强障碍灯配合使用。高于 105m 而不足 150m 的高大物体，应在顶端设置中光强 A 型障碍灯，中间层还应加设障碍灯，且间距尽可能相等。超高压输电线铁塔应设置高光强 B 型障碍灯，并为三层同步闪光。位置为塔顶、电缆下垂线的最低点及二者中间位置。一般建筑物在其顶端设置障碍灯。烟囱可参考中华人民共和国国家标准 GB 50051—2001 规定设置航空障碍灯及标志。

 学完本部分后回答下列问题：

1. 不同类型机场灯光有何区别？
2. 航空障碍灯的要求有哪些？
3. 如何识别航空障碍灯的种类？

第六章 飞行区场地日常维护

民用运输机场（含军民合用机场民用部分）飞行区场地维护管理，包括跑道、滑行道、机坪、土质地带及巡场道路、围界、标志和场道排水系统的日常维护、定期维护、修补以及小型项目维护工程。

本章主要根据民航场务工作者多年来积累的实践经验，参照国际民航组织有关资料，讲述飞行区场地日常维护的操作方法及注意事项。应用中应不断总结新经验，采用新工艺和研究新的道面修补材料，以提高维护工作的质量和水平。

机场的飞行区场地维护工作必须贯彻"预防为主，防治结合，确保飞行安全"的方针。根据机场的具体条件以及水文、地质、气候和日航班次数等情况，飞行区场地应进行经常性的维护，使飞行区场地经常处于良好的使用状况。

飞行区场地日常维护应以机械维护为主，人工维护为辅，并积极研究和改进维护机械。图 6-1 为海上机场飞行区场地。

图 6-1 海上机场飞行区场地

需要掌握的知识和技能如下：

➢ 飞行区场地的分类；

➢ 道面清洁的要求；

➢ 排水系统要求；

➢ 飞行区围界维护；

➢ 机具配备与维护。

第一节 道面清扫保洁

1. 清扫目的

为确保飞行安全，防止道面上的石子和其他杂物被飞机喷气发动机吸入体内打坏压缩机叶片或打坏螺旋桨飞机的桨叶，同时也防止石子或其他硬质杂物被螺旋桨或喷气发动机吹袭损伤其他飞机机体和车辆人员。因此飞机活动区需要经常检查和定期清扫。

2. 清扫的次数

跑道、滑行道应根据其状况定期进行清扫，遇有施工等可能造成跑道、滑行道污染的情况时，应当增加清扫次数，或者随时清扫。跑道、滑行道应至少每天检查两次，重要航班或专机起降前都应检查一次，发现杂物及时清扫。飞机在运行时飞行员或其他勤务人员发现道面上有杂物，现场值班人员应及时前往清扫。

停机坪上的杂物除了道面本身损坏的碎石混合料碎渣及接缝材料外，还有人为丢掉的机器零件、其他杂物以及由风从其他公共场所吹移来的杂物，因此机坪上随时都有可能出现影响飞行安全的杂物，机坪上只要有飞机活动就应该有值班、维护人员随时清扫。

3. 清扫方法及清扫设备

道面上出现个别石子杂物适宜人工用扫帚扫除。当道面上的杂草等植物及泥土砂石等杂物面积较大时，可用清扫机械清扫，以提高清扫效率。

第二节 清除道面污染物

机场道面表面可能会受到燃油、润滑油、液压油、标志油漆、橡胶或其他化工物品的污染。污染物可能造成道面滑溜、遮盖地面标志或对道面造成侵蚀，同时也影响场地美观；特别是对道面有侵蚀作用和易燃的油类和其他化工物品应随时清除，以减少对道面的损伤和防止火灾。

在燃油、润滑油和其他油脂类化工液体偶然溢出的场合，一定要立即组织回收。回收的办法有真空吸取、刮取或扫取等，视溢物稠度而定。对残存部分，先用一种吸油材料或细砂、锯末等加以覆盖，然后用扫帚清扫；对仍残存的不能挥发的干固污染物，先用溶剂溶解污染物再用水冲洗，也可以用钢丝刷、钢丝轮直接打磨。

第三节 清除冰雪

我国幅员辽阔，冬季大部地区都降雪或降雨夹雪，特别是我国东北、华北和西北地区，在漫长的冬季降雪频率很高，常因降雪延误航班。及时清除冰雪是机场各部门特别是维护部门最繁重的工作之一。这项工作仅靠机场维护部门的力量是不够的，机场应成立除雪委员会，负责制订一个冬季除雪计划；每次降雪根据实际情况制订除雪实施方案；为清除冰雪而制订临时关闭机场的规定，组织各方力量除雪，督促检查除雪质量。

机场根据不同情况制订除雪方案，尽量减少机场关闭时间。

除雪作业方法主要是机械清扫，人工清扫作为辅助，有时也会人工、机械并用。具体情形视每个机场所处的地理位置、降雪频率、航班次数而定。要结合我国的国情因地制宜地制订扫雪方案，我国长江流域和云贵高原地区一年降雪次数很少，应该以人工清扫为主、机械为辅，在三北地区应以机械为主，人工清扫为辅。机械化除雪应根据机械除雪性能混合编队以发挥其长处，提高除雪速度。混合机械作业应该是雪犁为先导，扫雪机在后清扫，最后吹雪机把雪吹到远离道面的地方。

除雪质量标准：飞行需要除雪与道面维护除雪有很大差异，飞行除雪往往只要求满足飞行活动。跑道、滑行道道面部分清扫得比较彻底，道肩上往往留有积雪甚至道面边缘都留有部分积雪，机坪使用多少除多少——这是不符合维护要求的。除雪工作质量标准应以维护技术要求为准：

（1）必须尽快清除飞行区跑道、滑行道、机坪道面、道肩上的积雪，以防止道面产生不均匀冻胀和冰雪对道面面层的冻融破坏。

（2）跑道两侧道肩外堆雪高度一般不超过 30cm；滑行道、机坪道肩外堆雪高度，自飞机主轮外侧以道面边缘算起，与发动机（或螺旋桨）垂直距离应大于 40cm，与其翼展垂直距离大于 1.0m。

（3）不得在助航设施保护区内堆雪。

在我国降雪地区，时有雨夹雪或冻雨出现，使道面表面结一层薄冰，影响飞机起降，冻雨或雨夹雪在长江流域多出现在冬季，在三北地区多出现在秋冬或冬春之交。常用的除冰方法有两种，即加热和化学方法除冰。

加热除冰利用吹雪机的喷气发动机产生的热能将冰溶化吹出跑道，加热除冰耗能大、成本高。

化学除冰物质应无腐蚀、无毒性、不易燃，并应符合环保规定。其不应对道面材料有害，或者对道面表面的摩擦性能有不利的影响。化学除冰的方法是：

（1）除冰液稀释，根据跑道面上的冰点温度，一般按表 6-1 中的比例稀释。

表 6-1　除冰液释比例

除冰液稀释比例 （除冰液：水，V/W）	1∶4	1∶2	1∶1	2∶1	4∶1
冰点（℃）	-3.0	-8.0	-15.0	-24.0	-30.0

使用中遇有其他冰点用内插法或自行绘制关系曲线确定比例。

（2）喷洒除冰液的方法、用量

除冰液用专用除冰车喷洒，也可用改制的园林部门喷药车（容器内涂耐酸、碱涂料）喷洒，还可以用喷雾器喷洒。

喷洒用量：除冰车一次喷洒除冰液 $20\sim30g/m^2$，除较厚的冰，根据冰的厚度，可反复喷洒至冰层松动，用扫雪车或人工扫掉冰凌。清除冰凌后根据天气情况再喷洒一遍除冰液防止再次结冰，用量为 $10\sim20g/m^2$。

除冰液的使用、保管和注意事项：向厂家索取使用说明书，按说明书执行。

第四节 道面抢修

使用中的机场道面受温度、应力、化学侵蚀、雷击和荷载等自然或机械破坏构成危害飞行安全的破损道面，必须及时抢修。修补工作视破损道面的种类、部位、航班密度等不同情况结合本场或本地现有修补材料而制订的不同抢修方案和修补方法。

1. 水泥混凝土道面抢修

修补后的混合材料与原有水泥混凝土颜色基本一致、强度基本一致，它与旧混凝土黏结牢固，有一定的耐久性并具有超早强的性能。水泥中掺早强剂、胶黏剂，有的修补材料可在 26h 达到抗压强度 20MPa 以上。在航班间隔条件允许下，尽量采用强度增长慢一点的材料，在一般情况下强度慢一点的材料使水泥混凝土耐久性提高。各种修补材料的性能和具体修补方法，参照第四章有关的内容。

暂无合适的修补材料时，也可用沥青混凝土修补，待定时维修时再替换。

2. 沥青道面抢修

沥青混凝土道面局部损坏有面层松散、部分或全厚度甚至包括基层破坏、荷载集中产生的车辙。破损沥青道面的修补，对全厚度破坏的道面，首先要查清基层是否已被破坏。基层破坏需先处理基层，挖开后用早强水泥稳定碎石等方法处理。对面层损坏和局部厚度破坏的道面先清除松动废渣，涂刷黏层油，面层修补用细粒式沥青混合料，局部或全厚度修补用中粒式或细粒式沥青混合料。混合料炒拌可用人工在钢板上炒拌代替平锅炒拌，有条件时尽量采用机械炒拌，炒拌温度控制在 150℃～160℃，先将集料炒干加热，然后再倒入 90～110 号道路石油沥青炒拌颜色均匀为止。碾压成型温度应大于 80℃，人工或机械压实。消除车辙一般用重型压路机在气温较高的环境下压平，必要时表面加热再压平。用碾压的方法消除不了车辙时，可刨掉一层用细粒式沥青混合料修补。

第五节 土质地带维护

飞行区土面地区日常维护工作主要有场地平整、碾压、植草、割草等。

跑道、滑行道、机坪道肩道面与土面交界处土面不得高于道面，以保持道面排水通畅，雨后道肩上不得积水，多余土可调整土横坡，横坡最小坡度不得小于 0.4%，必要时多余土应运走。被飞机发动机和雨水冲成的沟坑应及时填平。

距跑道中心线两侧按技术标准规定的平整范围及跑道端安全地区要进行碾压，对人工种植草坪每遍碾压间隔时间一般应大于 24h，必须避免过分集中碾压损坏草坪。飞行带土面地区碾压工作应在春融后及雨季前后碾压，每年至少碾压两次，碾压密实度要达到技术要求规定标准。在碾压工作进行时必须与塔台保持密切联系，听从指挥，确保飞行安全。

土质地带应植草，高度不得超过 30cm，超过时及时割掉，割下的草要及时运走，避免污染道面。

对人工种植的草皮要加强养护，随时清除野草。

土质地带维护质量标准如下：

（1）场地平整时土面不得高于道面；低于道面时，跑道、滑行道两侧及停机坪外侧不得低于3cm；土面地区平坦度用3m直尺检测，最大间隙不大于10cm。

（2）土面地区表面15cm碾压密实度，重型击实法应大于0.87。测试土的含水量时应用烘干法，而不宜用酒精烧干法，以防止土中草根燃烧影响测试结果。

（3）植草区土的表面10cm要耙松并适当施肥，草束植栽间距约20cm，洒水保活，半年内草分蘖布满空地。

割草草茬小于10cm，草的高度小于30cm，不得将割下的草丢弃在飞行区内。

土质地带灌木树根应彻底清除。

第六节　排水系统日常维护

为了及时排走飞行区的雨雪水，防止积水影响飞机运行和安全，防止因飞行区排水设施和结构损坏影响地面车辆和飞机安全，必须加强对排水系统的日常维护。

飞行区排水管线很长，一般总长达十多千米，有明沟、盖板明沟、涵管等，必须根据当地气象条件，定时检查并将沟内砖头石块、泥沙杂物等清除，特别是大雨来临之前主要积水口都要检查清理，清理出来的杂物要运出飞行区，作为垃圾处理。暗的涵管由于直径或高度小，行人不便检查时，主要是把沉砂井泥沙杂物清理干净；暗的涵管发现排水流不畅时，要用机械设备疏通。

飞行区排水系统构筑物结构形式，主要有钢筋混凝土墙体及盖板明沟、浆砌片石墙体钢筋混凝土盖板明沟、钢筋混凝土箱涵、预制钢筋混凝土管暗沟、片石或混凝土预制块护砌明沟和土明沟等。

排水构筑物主要病害分析如下：

（1）钢筋混凝土盖板由于施工质量差或超载而断裂；

（2）混凝土排水构筑物受碱骨料反应或其他化学腐蚀及施工质量影响造成局部损破；

（3）混凝土排水构筑物本身受冻融造成损坏；

（4）片石墙体因片石质量不好受到破坏；

（5）片石或混凝土预制块墙体，受墙里土的膨胀而鼓包甚至倒塌；

（6）预制混凝土管由于制作质量问题或土的压力过大，造成粉碎性破坏；

（7）土明沟受雨水冲刷造成破坏。

同时，排水构筑物病害修补应满足如下要求：

（1）钢筋混凝土盖板断裂者应及时按原设计制作新的进行更换。

（2）混凝土构筑物局部被破坏的要查清原因再修补，属碱骨料反应或其他化学腐蚀造成的破坏，准备修补用的原材料，水泥碱含量小于0.6%；其他有害化学指标应符合国家现行标准。砂石材料应无活性。由于冻融造成的破坏要疏通管道特别是入冬前要排除积水，修补用的混凝土抗冻标号应大于本地区气候条件所应有的标号。修补的方法：首先凿掉松散的混凝土，根据破损情况，凿掉的形状内角要大于90°，注意保护原有的钢筋。必要时可支模浇筑。对脱皮露石薄层修补应凿掉松动的混凝土，冲洗干净后用聚合物细料水混凝土或砂浆修补。

护砌的墙体中，风化的片石应予更换。水泥混凝土预制块，断裂的可灌缝修补，破碎的更换。土明沟常遭雨水冲刷部分，可用片石或水泥预制块加以护砌。

第七节　地面标志维护

地面标志种类很多，其中主要有着陆方向标，跑道、滑行道、停机坪地面油漆标志，滑行引导系统标记牌，飞行区的标志物，障碍物标志等。

着陆方向标和各种道面油漆标志维护中，各种油漆标志采用的油漆主要有两种，即丙烯酸马路划线漆和环氧马路划线漆，各种技术指标必须符合国家现行标准。油漆标志使用过久会产生变色、脱落，以及飞机轮胎迹和人为污染或破坏。为使油漆标志清晰完整有效，必须加强日常维护工作。对脱落和局部污染要及时补涂刷，涂刷前对有碍于黏结的污染物应先清除；在胎迹污染或其他破坏面积较大、清晰度受到影响时应普遍喷涂一次，每平方米油漆用量 0.5～0.6kg 并颜色均匀一致。年客流量超过百万人次的机场每年涂刷两次，其他机场视情况涂刷 1～2 次。

滑行引导系统标记牌多为反光涂料材料制作，要求字迹清晰、反光效果良好，要经常清除灰尘污染，使用年限过久、字迹和反光效果模糊的应重新刷写或更新。

飞行区的标志物、障碍物标志在构筑物或建筑物上用油漆涂料按规定颜色涂刷，当颜色不清晰时应按原样原色涂刷一次。

第八节　飞行区围界维护

为保证飞行安全和良好的治安秩序，按规定民用机场飞行场地与飞行场地以外地区之间应设围界隔离。围界种类很多，主要有金属网类，钢栅栏类，砖、石、水泥块砌成的墙体类等。

金属类围界受自然气候的影响会产生锈蚀，或因自然灾害的影响以及人为活动造成破坏。为防止金属围界锈蚀，在生产或施工中都已喷涂了涂料或塑胶，使用若干年以后会局部脱落，应及时补刷油漆，出现大范围的生锈应普遍刷一次漆。金属围界受到局部破坏应及时抢修或更换。

砖、石、水泥块围界如受到人为或自然破坏应及时按原样补砌，恢复原貌。

第九节　巡场路维护

民用机场巡场路按结构可分为水泥混凝土路面、沥青混凝土路面和泥结碎（砾）石路面。

巡场路维护工作方法，水泥混凝土及沥青混凝路面与机场道面基本相同，可参考相应修补方法。泥结碎（砾）石路面维护应保证路面畅通无阻，无积水、无坑洼、无搓板，出现坑洼和搓板及时填补。

第十节　机具配备与维护

飞行区场地日常维护应根据需要和允许条件，按要求标准配备场道机具设备。

维护机具应配备专业人员，加强机具保养和维修，以提高机具设备的完好率和利用率，降低维护费用。

 学完本部分后回答下列问题：

1. 飞行区场地的日常维护内容有哪些？
2. 清除冰雪应注意什么问题？
3. 道面抢修应注意哪些问题？
4. 机具配备的要求有哪些？

第七章 地面导航台维护

为保证复杂气象条件下飞机在机场能够安全地起飞、着陆和滑行，机场配置了各种通信导航和空中交通管制设备。它们与机载设备通过无线电波（即电磁波）进行着各种信息的传递与交互，对场地环境有严格的要求。在机场广泛使用的仪表着陆系统，其航向台和下滑天线信号可能受到附近的固定、移动物体的严重干扰而影响导航精度，甚至造成飞行事故。因此，保护机场的电磁环境是保证机场安全运行的重要工作。

图 7-1　地面导航台

需要掌握的知识和技能如下：
➢ 地面导航台的分类；
➢ 仪表着陆系统；
➢ 甚高频全向信标台；
➢ 测距仪；
➢ 无方向信标台。

第一节 仪表着陆系统

仪表着陆系统（Instrument Landing System，ILS）由地面设备和机载设备组成。地面设备可以分为三个部分：航向信标台、下滑信标台、指点信标台或测距仪台。当测距仪成为仪表着陆系统的一部分时，其通常安装在下滑信标台。机载设备则包括相应的天线、接收机、控制器及指示器等。

一、地面设备的组成

1. 航向信标

航向信标的主要作用是给进近和着陆的飞机提供对准跑道中心延长线航向道（方位）信息。

工作在 VHF 频段，频率范围为 108.1～111.975MHz，每个频道之间的间隔为0.05MHz；并优先使用以 MHz 为单位的小数点后一位为奇数的那些频率点，例如109.7MHz，110.3MHz 等。小数点后一位为偶数的频率点则分配给了全向信标，因此，航向信标只有 40 个频道可使用。

2. 下滑信标

下滑信标的主要作用是给进近和着陆的飞机提供与地面成一定角度的下滑道（仰角）信息。

工作在 UHF 频段，频率范围为 328.6～335.4MHz，每个频道之间的间隔为0.15MHz，其工作频道与航向信标的工作频道配对使用，因此也只有 40 个频道可供使用。

3. 指点信标

用于给进近和着陆的飞机提供距跑道入口固定点的距离信息。工作在 VHF 频段，固定频率为 75MHz。

4. 测距仪

用测距仪代替指点信标时，能给进近和着陆的飞机提供至测距仪台或着陆点或跑道入口的连续距离。工作在 L 波段，频率范围为 962～1215MHz。与 ILS 合用时，其工作频率与航向信标配对使用。

各种装置的典型位置如图 7-2 所示。

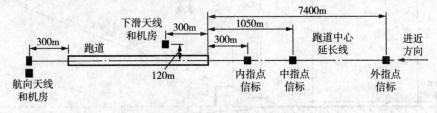

图 7-2 ILS 典型位置示意图

二、ILS 的基本定义和性能类别

1. 基本定义

调制度差（ddm）：较大音频信号对射频的调制度百分数减去较小音频信号对射频的

调制度百分数的值。

航道线：在任何水平面内最靠近跑道中心线的 ddm 为零的各点的轨迹。

航道扇区（航道宽度）：从航道线向两边扩展，到 ddm 为 0.155（150μA）的各点轨迹所限制的区域。通常在跑道入口两边以 105m（350ft）为 0.155ddm。最大航道扇区（航道宽度）不能超过 6°。

位移灵敏度：测得的 ddm 与偏离适当基准线的相应横向位移的比率。

下滑道：跑道中心线的铅垂面上 ddm 为零的各点所组成的轨迹中最靠近地平面的那条轨迹。

下滑角：平均下滑道的直线与地平面之间的夹角。

下滑道扇区：从下滑道的铅垂面向上下两边扩展，到 ddm 为 0.175（150μA）的各点轨迹所限定的区域。

角位移灵敏度：测得的 ddm 与从适当的基准线相对应的角位移的比率。

A 点：在进近方向沿着跑道中心延长线、距跑道入口 7400m（4n mile）处测得的下滑道上的一点。

B 点：在进近方向沿着跑道中心延长线、距跑道入口 1050m（3500ft）处测得的下滑道上的一点。

C 点：下滑道直线部分在包含跑道入口的水平面上方 30m（100ft）高度处所通过的一点。

T 点（基准数据点）：位于跑道中心线与跑道入口交叉处垂直上方规定高度上的一点，下滑道直线向下延伸的部分通过此点。其高度通常为 15m（50ft）、容差 +3m。

D 点：从跑道入口向航向信标方向前进 900m（3000ft）、在跑道中心线上方 4m（12ft）的那一点。

E 点：从跑道终端向入口方向前进 600m（2000ft）、在跑道中心线上方 4m（12ft）的那一点。

以上各数据点的位置如图 7-3 所示。

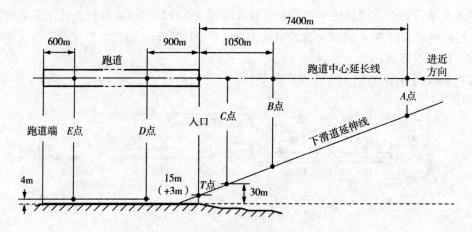

图 7-3　仪表着陆系统各数据点示意图

2. 性能类别

ILS 按性能通常分为三种类别：Ⅰ类、Ⅱ类和Ⅲ类。

在国际民用航空公约附件10《航空电信》中规定了详细的设备运用性能。

Ⅰ类：在跑道能见距离不小于800m的条件下，以高的进近成功概率运用至60m的决断高度。如果在这点（60m高度）上仍看不到跑道，应进行复飞。

Ⅱ类：在跑道能见距离不小于400m的条件下，以高的进近成功概率运用至30m的决断高度。如果在这点上仍看不到跑道，应进行复飞。

ⅢA类：没有决断高度限制，当跑道能见距离不小于200m，在着陆的最后阶段凭外界目视参考，运用至跑道表面。

ⅢB类：没有决断高度限制，不依靠外界目视参考，一直运用至跑道表面。随后在跑道能见度相当于跑道能见距离不小于50m的条件下，凭外界目视参考滑行。

ⅢC类：没有决断高度限制，一直运用至跑道面表，且不凭外界目视参考滑行。

三、地面设备的基本工作原理

（一）航向信标和下滑信标的主要组成部分

航向信标和下滑信标主要由设备机柜、电源、天线信号分配箱、天线阵等组成，如图7-4、图7-5、图7-6所示。

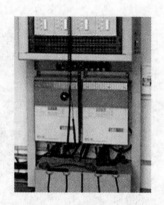

图7-4　挪威NM 7000型机柜及电源示意图

图7-5　航向信标12单元天线阵示意图　　　图7-6　M型下滑信标天线阵

（二）航向信标的基本要求

航向信标是仪表着陆系统的组成部分，工作在108~112MHz频段，与机载导航接收机配合工作，为进场着陆的飞机提供相对于航向道的方位引导信息。航向信标台场地附近的地形地物，对其发射的电波信号的反射和再辐射所产生的多路径干扰，可使其辐射场型发生畸变，导致航向道弯曲、扇摆和抖动，直接影响飞机着陆的安全。

1. 基本辐射信号

射频：在108.1~111.975MHz频段内某一固定的频率上工作。

用单一射频载波时，频率容差为±0.005%。

用双射频载波时，频率容差为±0.002%，并且所占用的额定频段应对称于指配的工作频率；两个载波频率间隔应大于5kHz且小于14kHz。

辐射水平极化波：射频载波由90Hz和150Hz单音调制，90Hz＋150Hz调制的信号称为载波和边带波CSB；90Hz－150Hz调制的信号称为纯边带波SBO。

在航道线上的调制度各为20%。在航道线左边（面对天线），90Hz调制信号占优势，即一个信号的调制度大于另一个信号的调制度，称为调制度差，用ddm表示；在航道线右边150Hz调制信号占优势，如图7-7所示。

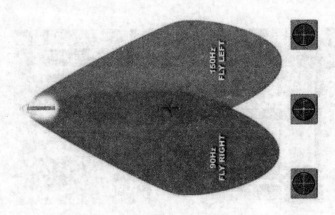

图7-7　航向信标的基本辐射信号

2. 航道结构

如表7-1和图7-8所示，航道结构的弯曲不能大于下列ddm值。

表7-1　航道结构ddm要求

区　域	Ⅰ类设备	Ⅱ类设备	Ⅲ类设备
覆盖区边缘—A点	0.031	0.031	0.031
A点—B点	从0.031线性降到0.015	从0.031线性降到0.005	
B点—C点	0.015		
B点—基准数据点		0.005	
B点—D点			0.005
D点—E点			线性增至0.01

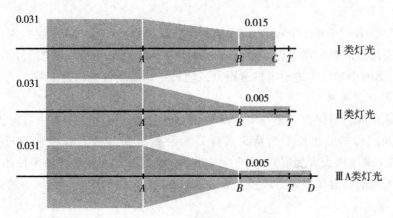

图 7-8　航道结构示意图

3. 航道宽度

航向信标接收机通常校准到 0.155ddm，即 $150\mu A$，航道宽度的边缘也就限定为 $150\mu A$。因此，0.155ddm 就等于航道宽度边缘，边缘内的区域称为航道扇区，即航道宽度。

由于各机场跑道长度、航向天线离跑道端的距离是不相等的，所以航道宽度也是不同的。其限定为在跑道入口处宽 210m（700ft），即中心线两边各 105m，如图 7-9 所示。

例如：某一跑道长 2800m，天线阵距跑道端 300m。则

$$\tan^{-1}\theta=\frac{105}{2800+300}=0.0339$$

$$\theta=1.94°$$

即航道宽度为 $1.94°\times2=3.88°$。

航道宽度的容限一般为 $3°\sim6°$。如果跑道长度太长，计算出的宽度小于 $3°$ 时，应把宽度调到 $3°$。同样，如果跑道长度较短，计算出的宽度大于 $6°$，则必须把宽度改到 $6°$。

4. 覆盖

在前航道线 $\pm10°$ 范围内为 25n mile（约 45km），$\pm10°\sim\pm35°$ 为 17n mile，如图 7-10 所示。如提供 $35°$ 以外的覆盖，则为 10n mile。地平面 $7°$ 以上，信号应尽量降低。

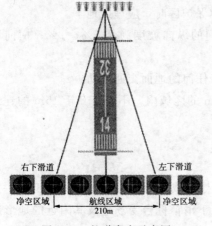

图 7-9　航道宽度示意图

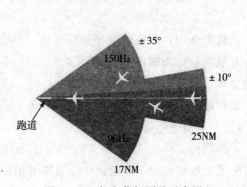

图 7-10　航向信标覆盖示意图

5. 识别信号

必须用 $1020Hz\pm50Hz$ 单音的 A2A 类调制的射频载波产生，调制度为 5%～15%。识别信号必须采用国际莫尔斯电码，并由三个或四个字母组成。ILS 识别信号的第一个字母通常为 I，后面两个字母为进近方向远距（或超远距）归航台的识别信号。

6. 场地与环境要求

航向信标台的场地保护区是一个由圆和长方形合成的区域。圆的中心即天线阵中心，其半径为 75m。长方形和长度为从天线阵开始沿跑道中心线延长线向跑道方向延伸至 300m 或跑道末端（以大者为准），宽度为 120m，如图 7-11 所示。如果使用单方向辐射的天线阵，无线的辐射场型前后场强比为 20dB 以上，则保护区不包括图中的斜线区。

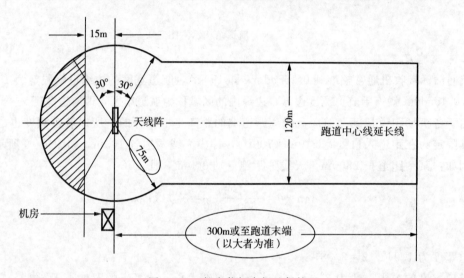

图 7-11 航向信标台场地保护区

航向信标台机房应设置在天线阵排列方向的 $\pm30°$ 范围内，根据当地的地形、道路和电源情况，设置在天线的任意一侧，距天线阵中心 60～90m，如图 7-11 所示。航向信标台机房及天线高度不应超过机场端净空。

在场地保护区内不应有树木、高秆作物，不应修建建筑物、道路、金属栅栏和架空金属线缆。进入航向信标台的通信和电源线缆穿越保护区时，应埋入地下。

保护区内地表应平坦。跑道端和天线阵之间的纵向坡度为 0.5%～1%；横向坡度为 $\pm1\%$，并应平缓地过渡。

在保护区内，不应停放车辆或飞机，不应有任何的地面交通活动。

在航向信标天线前方 $\pm10°$，距天线阵 3000m 的区域内，不应有高于 15m 的建筑物和大型金属反射物、高压输电线等。

保护区内的杂草高度不能超过 0.5m。

（三）下滑信标的基本要求

下滑信标工作在 328.6～335.4MHz 频段，与机载下滑信标接收机配合工作，为进场着陆飞机提供相对于下滑道的垂直引导信息。下滑信标台受场地及其附近的地形地物的影响，可使其辐射场型发生畸变，引起下滑角变化，造成下滑道弯曲、扇摆和抖动，直接影响飞机着陆的安全。

1. 基本辐射信号

射频：必须在 328.6～335.4MHz 频段内某一固定的频率上工作，并与航向信标配对使用。频率配对关系见表 7-2 所列。

表 7-2 航向/下滑信标频率配对表 （单位：°）

航向	下滑	航向	下滑	航向	下滑	航向	下滑
108.10	334.70	109.10	331.40	110.10	334.40	111.10	331.70
108.15	334.55	109.15	331.25	110.15	334.25	111.15	331.55
108.30	334.10	109.30	332.00	110.30	335.00	111.30	332.30
108.35	333.95	109.35	331.85	110.35	334.85	111.35	332.15
108.50	329.90	109.50	332.60	110.50	329.60	111.50	332.90
108.55	329.75	109.55	332.45	110.55	329.45	111.55	332.75
108.70	330.50	109.70	333.20	110.70	330.20	111.70	333.50
108.75	330.35	109.75	333.05	110.75	330.05	111.75	333.35
108.90	329.30	109.90	333.80	110.90	330.80	111.90	331.10
108.95	329.15	109.95	333.65	110.95	330.65	111.95	330.95

用单一射频载波时，其容差为 ±0.005%。

用双射频载波时，频率容差为 ±0.002%，并且所占用的额定频段应对称于指配的工作频率；两个载波频率间隔应大于 4kHz、小于 32kHz。

辐射水平极化波：射频载波与航向信标一样，也是由 90Hz 和 150Hz 单音调制，产生 CSB 和 SBO。

在下滑道上的调制度各为 40%；在下滑道上面 90Hz 调制信号占优势，在下滑道下面 150Hz 调制信号占优势，如图 7-12 所示。

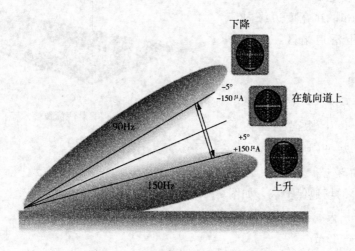

图 7-12 下滑信标的基本辐射信号

2. 下滑角

下滑信标应能产生一条与地平面成 2°～4° 的辐射下滑道，但国际民航组织建议的下滑角为 3°。超过 3°的下滑角一般不使用，除非不能满足障碍物净空的要求。

3. 下滑道结构

如图 7 - 13 和表 7 - 3 所示，下滑道结构的弯曲不能大于下列 ddm 值。

表 7 - 3　下滑道结构 ddm 要求

区　域	Ⅰ类设备	Ⅱ类设备	Ⅲ类设备
覆盖区边缘—C 点	0.035		
覆盖区边缘—A 点		0.035	0.035
A 点—B 点		均从 0.035 线性降到 0.023	均从 0.035 线性降到 0.023
B 点—基准数据点		0.023	0.023

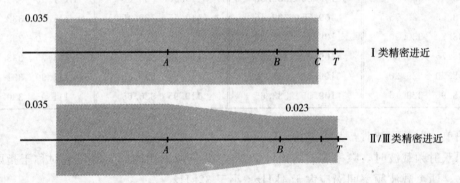

图 7 - 13　下滑道结构示意图

4. 下滑道宽度

下滑信标的接收机同样也校准到下滑道宽度边缘为 150μA，其等于 0.175ddm；在宽度边缘内的区域，称为下滑道扇区，宽度为 1.4°。

5. 覆盖范围

天线前方左右各 8°，上至 1.75θ，下至 0.45θ，距离至少为 10n mile，如图 7 - 14 所示。

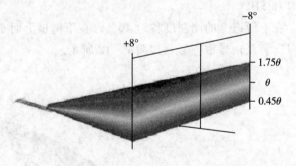

图 7 - 14　下滑信标覆盖示意图

6. 场地与环境保护

下滑信标台的场地保护区，如图 7 - 15 所示。

图中：D——天线至跑道着陆端的距离，m；

U——60m；

V——天线至跑道中心线的距离，m；

W——30m；

X——120m；

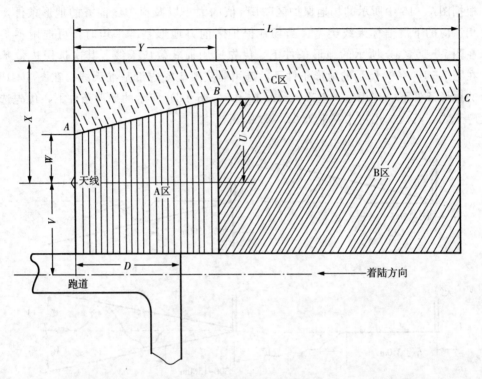

图 7-15　下滑信标台场地保护区

Y——360m 或距离 D（以大者为准）；

L——900m 或至机场边界或至平滑地面的终止点（以小者为准）。

场地保护区的"A区"，不应种植农作物，杂草的高度不超过 0.3m，纵向坡度与跑道坡度相同，横向坡度不大于±1%，并平整到设计坡度的±4cm 范围内。在该区内，不应停放车辆和飞机，不应有任何的地面交通活动。

场地保护区的"B区"，地面应尽可能平坦，地形凹凸高度的允许值与天线到地形凹凸处的距离、天线的高度等因素有关，其关系式为：

$$Z < 0.0117D/N$$

式中，Z——地形凹凸高度台许值，m；

D——下滑天线至地形凹凸处的距离，m；

N——边带天线高度的波长数。

"C区"内不应有高于 10m 的金属建筑物、高压输电线、堤坝、树林、山丘等存在。该区域的坡度应不超过±15%。

"A区""B区"和距天线中心线延长线（与跑道平行）60m 以内不应有金属栅栏、架空线缆、单棵树木和建筑物存在。

为保证保护区内有良好的排水性能，可沿下滑信标台一侧的跑道旁和"C区"与"A区"交界的"C区"一侧，构筑适当宽度的排水沟。

下滑信标台的机房应设置在紧靠下滑信标天线的后方，距天线杆 2~3m 处。进入下滑信标台的电线、电缆穿越保护区时，应埋入地下。

根据图 7-15 中所示的场地保护区"L"值的大小以及保护区前方的地形条件，选择与之相适应的下滑信标天线类型。当场地保护区前方地形基本平坦时，可选用零基准天线。在图 7-16（a）所示的地形条件下，优先选用捕获效应天线，其次选用边带基准天线；在图 7-16（b）所示的地形条件下，选用捕获效应或边带基准天线；在图 7-16（c）所示的地形条件下，选用边带基准天线；在图 7-16（d）所示的地形条件下，优先选用捕获效应天线，其次选用边带基准天线。

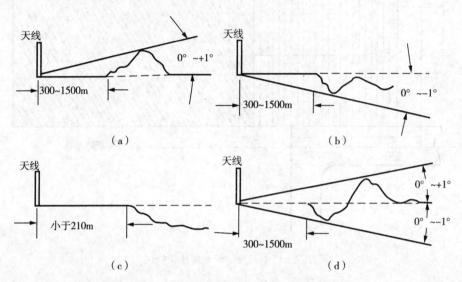

图 7-16 下滑信标台保护区前方不同地形示例

（四）指点信标的基本要求

1. 概述

指点信标主要由室内的设备机柜和室外的天线阵组成，如图 7-17 和图 7-18 所示。其作用是给进近和着陆的飞机提供距跑道入口的距离信息。

图 7-17 指点信标设备机柜示意图

指点信标工作在 VHF 频段，固定频率为 75MHz。根据其距跑道端不同的距离，分为外、中、内指点信标，参见图 7-2。

指点信标台作为仪表着陆系统的组成部分时，按外、中、内指点信标台的要求，设置在跑道中线延长线上，距跑道着陆端的距离为：

（1）外指点信标台 6500～11100m。

（2）中指点信标台 1050m±150m；外、中指点标偏离跑道中线延长线应不超过 75m。

图 7-18　机房和天线示意图

（3）内指点信标台 75～450m；偏离跑道中心线延长线应不超过 30m。

射频载波由 400Hz（外）、1300Hz（中）或 3000Hz（内）单音调制后，由天线向上辐射一定宽度的信号，覆盖范围如图 7-19 所示。

2. 场地与环境保护

指点信标台的场地保护区，如图 7-20 所示。在保护区内，地形应平坦、开阔，不应有超出以地网或天线阵最低单元为基准、垂直张角 20° 的金属建筑物，架空线缆，树木等存在。

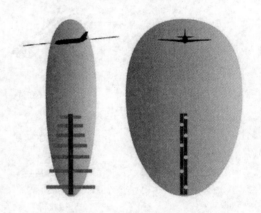

图 7-19　覆盖范围示意图

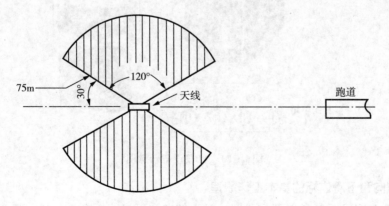

图 7-20　指点信标台场地保护区

四、机载设备及基本工作原理

机载设备包括接收天线、接收机、控制器及指示器等，如图 7-21 所示。

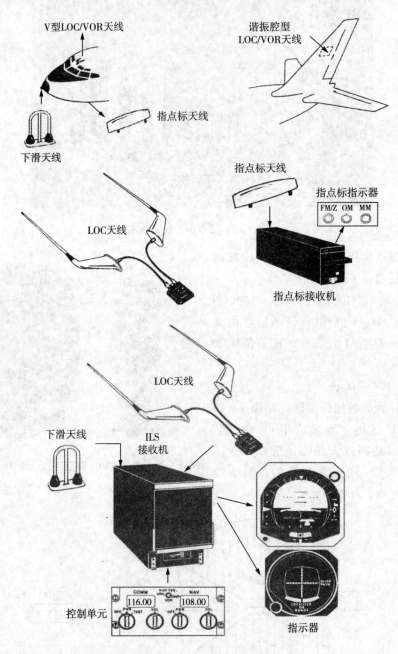

图 7-21 机载设备示意图

（一）航向和下滑信标的基本工作原理

图 7-22 为 ILS 系统的典型示意图。对于航向和下滑信标来说，从一架正在着陆的飞机上看，在航道线左边和下滑道上面，90Hz 调制占优势；在航道线右边和下滑道下面，

150Hz调制占优势；在航道线和下滑道上，两个调制信号的幅度相等。把这些信号作用到机载指示器上，就能给飞行员提供正确的引导信息。

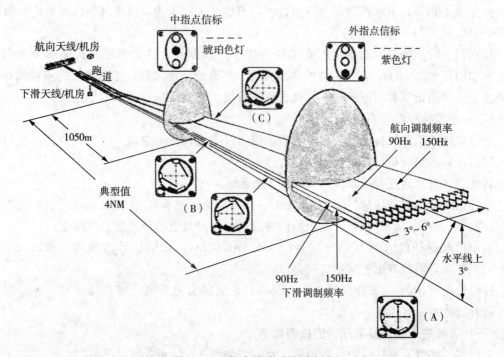

图7-22　仪表着陆系统示意图

图7-23为ILS机载接收机航向和下滑信标的电路和指示器示意图。当收到的信号足够强时，接收机检测出与调制度成正比的90Hz和150Hz信号。

这两个信号经音频放大器放大后，加到90Hz和150Hz带通滤波器，然后经整流器整流成与输入信号调制度成正比的正直流电压。

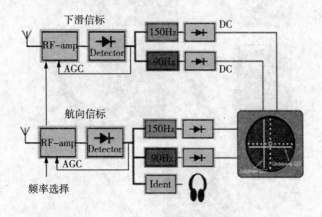

图7-23　典型机载接收机示意图

假定飞机沿航道和下滑道飞行，这时90Hz和150Hz调制度相等，经桥式整流器输出的两个电压也相等，把这两个电压加到指示器的中间为零的微安表（150μA满刻度偏转）上，由于电压的极性和幅度完全相等，电表两端就没有电位差，没有电流流过电表，指针

保持在中间位置上，如图 7 - 22 中（A）所示。

如果飞机偏离航道或下滑道，这时 90Hz 和 150Hz 调制度就不相等，经桥式整流器输出的电压也不相等，电表两端就会有电位差，有电流流过电表，使指针偏向一边，如图7 - 22 中（B）和（C）所示。

指示器上给出的是直观指示，即指针向哪个方向偏转，就需要把飞机往哪个方向改正。例如图 7 - 22 中（C），飞机在航道线右边、下滑道上面飞行，指示器上的航道线指针就向左、下滑道指针就向下偏转。这就告诉飞行员，需把飞机向左下方修正。

（二）指点信标的基本工作原理

指点信标的机载设备原理较简单，当飞机飞过指点信标上空时，给飞行员提供亮灯和响铃的指示，表示飞机已在该台上空。

通常当飞机以地速 96n mile（178km）进近时：

过外指点信标覆盖区的时间为 12s±4s（约 600m±200m），飞行员通过耳机，能听到"嗒、嗒、嗒（———）"长划音的识别信号，同时仪表盘上的紫色指示灯闪亮。

过中指点信标的时间为 6s±2s（约 300m±100m），识别信号为嘀嗒、嘀嗒（·——·—）交替声，同时琥珀色指示灯闪亮。

过内指点信标为 3s±1s（约 150m±50m），识别信号为嘀、嘀、嘀（···）短促声，同时白色指示灯闪亮。

（三）飞机进入航道及着陆时的仪表指示

飞机进入航道及着陆时的仪表指示示意图，如图 7 - 24 所示。

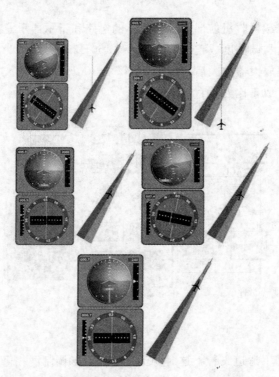

图 7 - 24　飞机进入航道及着陆时的仪表指示示意图

第二节　甚高频全向信标

甚高频全向信标（VHF Omni-directional radio Range，VOR）是目前民用航空最常用的近程无线电导航设备，能全方向地给飞机提供方位引导信息，使飞行员操纵飞机沿预选的航路飞行或进场着陆。

根据设备的用途，可分为航路 VOR 和终端 VOR。同样，根据地面设备的结构，可分为常规 VOR（Conventional VOR，CVOR）和多普勒 VOR（Doppler VOR，DVOR）。其台站外观如图 7-25 和图 7-25 所示。

图 7-25　CVOR 台外观图

图 7-26　DVOR 台外观图

一、VOR 基本原理

VOR 的工作频率范围为 108.0～117.95MHz；但在 108～112MHz 频段内，全向信标用小数点后为偶数的频率，例如 109.6MHz，111.0MHz 等，小数点后为奇数的频率由航向信标使用。

VOR 的主要信号成分，为两个 30Hz 的音频信号；一个称为基准 30Hz 信号，另一个称为可变 30Hz 信号。它们一个通过 9960Hz 副载波调频产生，一个直接由载波调幅产生。

VOR 的工作原理就是比较基准 30Hz 和可变 30Hz 这两个音频信号的相位。当机载接收机收到合成信号后，解调出基准 30Hz 信号和可变 30Hz 信号，通过比较这两个信号的

相位差，就可得到该点相对于 VOR 台的磁方位。

VOR 的基本要求是：基准 30Hz 信号和可变 30Hz 信号，在磁北方位上同相；基准 30Hz 信号，在 360°范围内的任意一点，其相位处处相等；可变 30Hz 信号的相位，随方位角的改变而变化；VOR 信号以天线中心为圆心，每 1°有一条径向线，在一个圆周内，分为 360 条径向线（等于 360 条航道线），如图 7-27 所示。

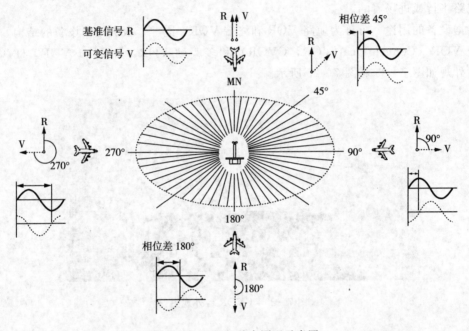

图 7-27　VOR 基本原理示意图

二、CVOR 信号产生原理

（一）基准 30Hz 信号的产生

为了在 CVOR 合成的全信号中能准确地解调出两个 30Hz 信号，基准信号采用了 30Hz 先对 9960Hz 副载波调频（频偏 480Hz），副载波再调幅于射频载波的方式，基准信号的各种波形如图 7-28 所示。调幅后的载波信号由基准天线辐射得到一个全向场型。

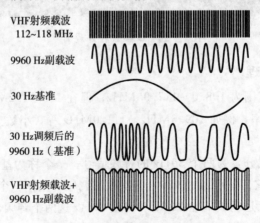

图 7-28　基准信号的各种波形

（二）可变 30Hz 信号的产生

在 CVOR 中，可变 30Hz 信号的产生较复杂。首先由设备中的边带信号产生器（或称转角器）输出两个如图 7-29 所示、由 30Hz 调制的可变边带信号（称为正弦边带和余弦边带），分别输送到如图 7-30 所示的圆柱形开槽天线的东北/西南（NE/SW）和西北/东南（NE/SW）两对天线上，在对应的方向上，各自产生一个"8"字形的信号。

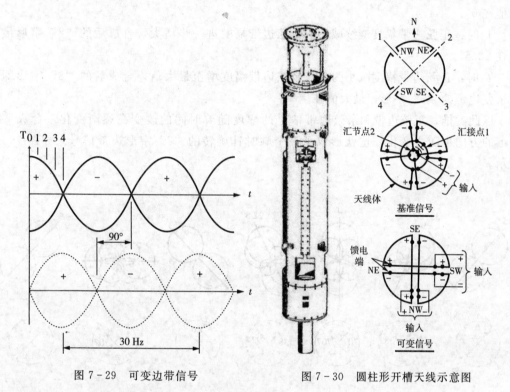

图 7-29　可变边带信号　　　　　图 7-30　圆柱形开槽天线示意图

由于两个边带信号的音频相位差 90°，因此在任一瞬间，图 7-31 所示的两个"8"字形信号在空间矢量合成后的合成"8"字形边带信号场型，其最大值的方向是不同的。

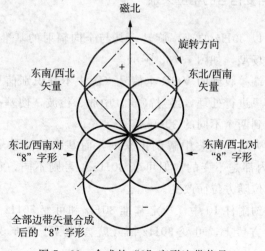

图 7-31　合成的"8"字形边带信号

T_0瞬间：正弦边带幅度为最大值、余弦边带幅度为零，两个边带合成后的"8"字形即等于正弦边带的"8"字形，最大值在315°。

T_1时：正弦边带幅度逐渐减小、余弦边带幅度逐渐增大，合成的"8"字形最大值在337.5°。

T_2时：正弦边带幅度和余弦边带幅度均为各自信号的半幅度点，合成的"8"字形最大值在0°。

T_3时：正弦边带幅度继续减小，余弦边带幅度进一步增大，合成后的"8"字形最大值在22.5°。

T_4时：正弦边带幅度减小为零、余弦边带幅度增至最大值，合成后的"8"字形即等于余弦边带的"8"字形，最大值在45°。

以此类推，正弦边带和余弦边带信号的幅度随着时间的改变在逐渐变化，合成"8"字形的方向也随之变化，这就形成了一个顺时针旋转的"8"字形边带信号。如图7-32所示。

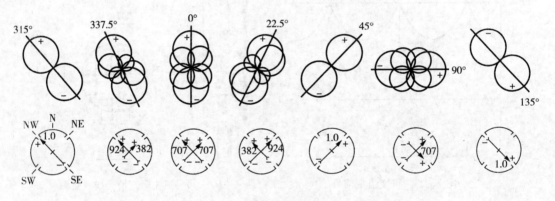

图7-32　"8"字形边带信号合成示意图

（三）基准信号与可变信号的相位关系

"8"字形边带信号以30Hz的速率旋转，其与全向辐射的基准载波信号在空间合成，即成为旋转的心形辐射场型，如图7-33所示。

这时，在任意接收端接收到的VOR全信号（图中不含识别信号），如图7-34所示。把这个全信号送到接收机进行处理，经过高放、中放、检波，使基准信号和可变信号送到各自的滤波器，就可得到两个不同的30Hz信号。

由于基准30Hz是从基准载波中解调出来的，而基准载波是全向辐射的，因此基准30Hz信号在360°范围内都是不变的。但可变30Hz信号则不同，它是由心形辐射场型旋转而产生的，因此其相位随方位而改变。

在国际民用航空公约附件10中，规定基准30Hz和可变30Hz在磁北（0°）方位上同相。这样，在其他任意方位上，可变30Hz信号就会滞后于基准30Hz信号；方位不同，滞后的相位也不同。

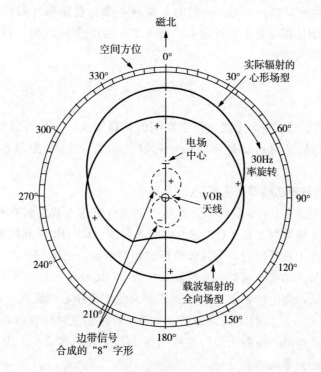

图 7-33 心形辐射场型示意图（单位：°）

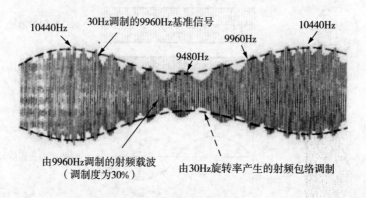

图 7-34 VOR 全信号图

三、DVOR 基本原理

（一）多普勒效应

多普勒（Doppler）是奥地利物理学家，他在 1842 年发现声学上的多普勒效应。其实例是：若有人站在火车站台上，一列汽笛长鸣的火车由远而近，虽然汽笛的声调不变，但听者听到的汽笛声调则由低变高；当列车疾驶而过时，声调则由高变低。这个听到的声音频率的变化是因为汽笛和听者之间有相对的运动，这种现象就是多普勒效应。

（二）多普勒频率

多普勒效应在电子学上的表现为：当发射天线与接收天线有相对运动时，接收到的频

率（f_r）与发射的频率（f_t）不同，他们的差值就是多普勒频率（f_d）。当收发天线互相靠近时，接收到的信号频率高于发射频率；当收发天线互相远离时，接收到的信号频率低于发射频率。其表达式为：

$$f_r = f_t \pm f_d = \frac{v \pm v_d}{\lambda} = \frac{v}{\lambda} \pm \frac{v_d}{\lambda}$$

式中，λ 为无线电波波长；v 为无线电波在空间的传播速度。这里可以看到，多普勒频率（f_d）与收发天线间的相对运动速度（v_d）和波长相关，当 v_d 为每秒一个波长时，f_d 为 1Hz。

（三）DVOR 的多普勒频率产生原理

由于 VOR 天线是一个固定的物体，虽然飞机飞行时与天线之间有相对运动，会产生多普勒频率，但这个频率并不是 VOR 信号中所需要的。DVOR 是利用多普勒原理，使边带信号在边带天线阵中旋转发射，与接收端形成相对运动，把纯 9960Hz 信号变成 9960Hz±480Hz 的调频信号，然后与射频载波调制，形成 VOR 所需的全信号。

如图 7-35 所示，假定接收点（R_x）到发射天线圆周中心的距离（d）远大于发射天线的半径（r），即 $d \gg r$。发射天线以每秒 ρ（周）的速率逆时针旋转，当天线位于 A 点时，只有水平方向的运动，发射天线与接收天线之间无相对运动，v_d 为 0，f_d 也为 0，接收到的频率与发射的频率相同。

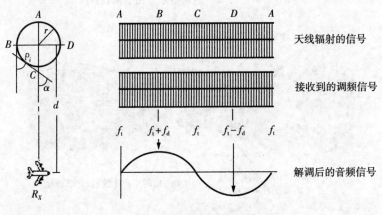

右侧标注：
天线辐射的信号
接收到的调频信号
解调后的音频信号

图 7-35 多普勒频率产生原理

当天线运动到 B 点时，发射天线与接收天线相互靠近，且运动速度最大，为天线运动的线速度（v_r），即 $2\pi r\rho$，这时 f_d 为最大值。当天线运动到 C 点时，情况与 A 点相同，f_d 为 0。当天线过 C 点后发射天线逐渐远离接收天线，当到达 D 点时运动速度也达到最大，由于这时为相背运动，f_d 为最大负值。

当天线在以上各点之间运动时，在任意点（ρ_i）上的多普勒频率可以根据下式得到：

$$f_d = \frac{v_d}{\lambda} = \frac{v_r \cos\alpha}{\lambda} = \frac{2\pi\rho \times \cos\alpha}{\lambda}$$

式中，r 为天线旋转的圆周半径；ρ 为旋转的速率（周/秒）；α 为任意点的圆周切线和收发连线之间的夹角。

由于在实际应用中，难以使天线按一定的直径和速率做高速圆周运转。因此 DVOR 边带信号的辐射，就采用了一定数量（48 个或 50 个）的边带天线按需分布在固定直径的位置上，使信号轮流在天线中辐射，达到类似于天线旋转而产生所需的多普勒频率的目的。

（四）边带天线阵直径

由于 CVOR 先于 DVOR 投入使用，为使众多接收机仍能兼容接收 CVOR 和 DVOR 信号，DVOR 必须使收到的全信号与 CVOR 全信号完全一致。

DVOR 天线阵也分为载波天线和边带天线；载波天线安装在天线阵中央，辐射由 30Hz 直接调幅的射频载波信号；边带天线（48 个或 50 个）等距或等角度分布在固定直径的位置上，辐射 9960Hz 副载波。由于 CVOR 全信号中的 9960Hz 副载波是调频信号，最大频偏为 ±480Hz，因此 DVOR 必须满足这个要求，即边带信号在边带天线中逆时针旋转，旋转辐射而产生的最大多普勒频率也要为 ±480Hz。要达到这个目的，就要选取合适的边带天线阵直径。

根据上述的多普勒频率计算公式，取 VOR 的中心工作频率为 113MHz，波长（λ）$\approx$ 2.65m，则半径（r）为：

$$r = \frac{f_{dmax} \times \lambda}{2\pi\rho \times \cos\alpha} = \frac{480 \times 2.65}{2\pi \times 30 \times \cos 0°} = 6.75 \text{（m）}$$

即 DVOR 边带天线阵的直径为 6.75m×2＝13.5m，如图 7-36 所示。

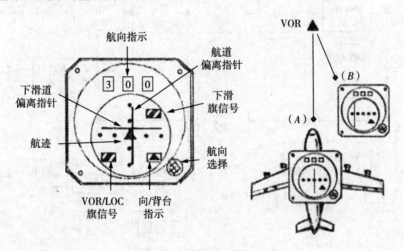

图 7-36　DVOR 边带天线阵

四、机载设备基本原理

（一）系统组成

机载设备主要由天线、接收机、控制器、指示器等组成，如图 7-37 所示。

机载接收机由于其工作频率范围为 108.0～117.95MHz，一般都兼用于 ILS 中的航向信标。根据组成结构，其主要分为接收机部分和仪表驱动部分。

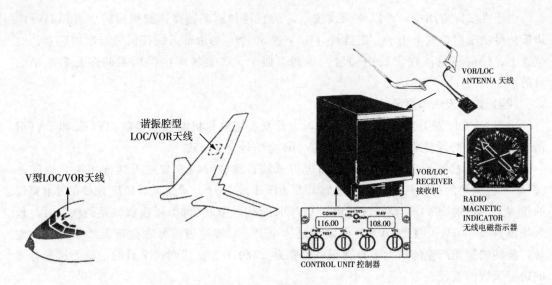

图 7-37 机载系统示意图

图 7-38 所示为一种机载设备的信号流程示意图。其接收部分通过对信号的放大、检波、滤波、鉴频后，把两个 30Hz 的信号进行相位比较，得到的相位差放大后，电压送到驱动部分驱动仪表指示，或利用马达带动相应的无线电磁指示器。

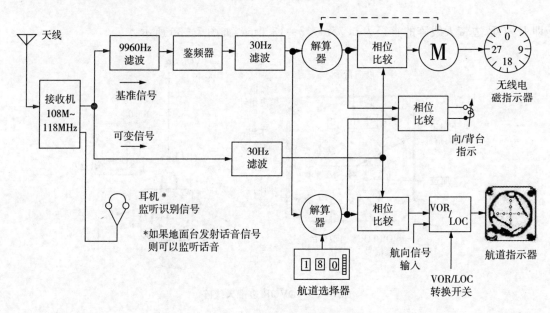

图 7-38 机载设备信号流程示意图

（二）机载系统工作实例

现以图 7-39 所示的航道指示器为例来说明。当飞机由甲地飞往乙地，途经某 VOR 台，飞行员首先要在航向选择器上选择所需的飞行航向。若航向为 300°，这时应把航向选择器上的刻度调整到 300。飞行途中，如果飞机保持在航道上，航道指示器上的航道偏差为零，偏离指针在中间位置，向/背台指示器的三角箭头朝上，表示飞机向台飞，如图 7-

39中（A）点；当飞机向右偏离航道时，这时偏离指针向左偏，告诉飞行员应向左改，直到指针中间位置。刻度盘上每点代表5°，图中（B）点表示飞机已偏约8°。

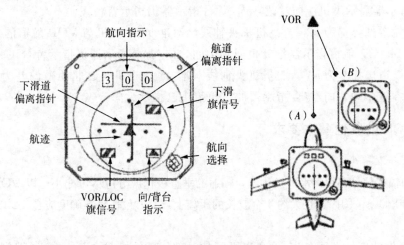

图7-39　航道指示器示意图

根据指针偏离程度，并结合无线电磁指示器的指示，飞行员就可知道是否在按所选的航线飞行。如果把偏离信号送到自动驾驶仪，则飞机会自动沿所选的航向飞行。

如图7-40所示，是飞机以VOR台为中心，在各个方位上飞行时，航道指示器和无线电磁指示器的指示实例。

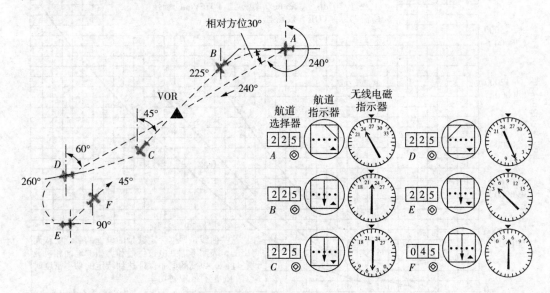

图7-40　航道指示器和无线电磁指示器的指示示意图

A点：航道选择为225°，飞机机头轴线对准270°，VOR在飞机的240°方位上，向台飞，航道指示器显示飞机应向右改。

B点：航道选择仍为225°，飞机机头轴线对准225°，VOR也在飞机的225°方位上，航道指示器指针在正中间，仍向台飞。

C点：航道选择仍为225°，飞机机头轴线仍对准225°，但飞机与VOR航道的磁偏差

为 45°，航道指示器指针在正中间，向/背台指示器的三角箭头已指示为背台飞。

D 点：航道选择仍为 225°，但飞机机头轴线已为 260°，飞机与 VOR 航道的磁偏差为 60°，航道指示器显示飞机应向左改，向/背台指示器仍指示背台飞。

E 点：航道选择仍为 225°，飞机机头轴线已对准 90°，飞机与 VOR 航道的磁偏差与 C 点一样，回到 45°，航道指示器指针也回到中间，向/背台指示器仍指示背台飞。

F 点：航道选择改为 45°，飞机机头轴线对准 45°，飞机与磁北的磁偏差为 45°，航道指示器指针在正中间，向/背台指示器的三角箭头已指示为向台飞。

五、VOR 的其他基本要求

1. 极化和准确度

VOR 的辐射信号必须为水平极化波，辐射的垂直极化成分应尽可能小。以 VOR 天线为中心，在 0°～40°仰角范围内，在大约 4 个波长的距离上，其方位信息准确度应在±2°以内。

2. 覆盖

VOR 提供的信号必须在 40°仰角以下，使一部标准的机载设备能在飞行服务区域所要求的高度和距离上，以最低的电平满意地工作，要求 VOR 信号的空间场强应大于 $90\mu V/m$ 或 $-107dB \cdot W/m^2$。辐射信号功率与高度、作用距离之间的关系，如图 7-41 所示。

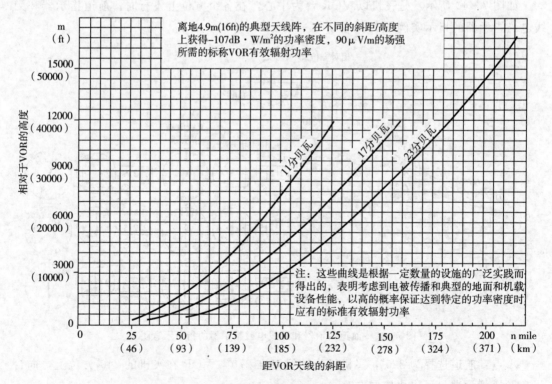

图 7-41　辐射信号功率与高度、作用距离示意图

一般来说，当发射机输出功率为 100W（20dB·W），以天线增益与射频馈电电缆损耗相抵，飞机飞行高度为 9000m 以上时，其作用距离在 300km 以上（平原地区）。

3. 识别与话音

在国际民航公约附件 10 中，规定为识别信号采用国际莫尔斯电码，由 2 个或 3 个英文字母组成识别码；发送速率约为每分钟 7 次识别码；每 30 秒钟最少发送一次识别信号（建议每 30 秒钟至少重复 3 次）。

与 DME 合装时，通常每 30 秒钟等间隔发送 4 次，3 次给 VOR，1 次给 DME。识别信号的调制单音为 1020Hz。

如果需要 VOR 提供地空通信波道，VOR 也能在射频载波上直接调制音频信号并辐射。但话音波道的音频特性有一定的限制，要求在 300～3000Hz 范围内相对于 1000Hz 的电平必须在 3dB 以内，且最大调制度不能大于 30%。

4. 场地与环境要求

（1）常规全向信标场地及其环境要求

以天线为中心，半径 200m 以内不应有建筑物（机房除外）；半径 200m 以外，金属结构建筑物的高度不应超过以天线基础为准的 1.2°垂直张角，木质结构建筑物的高度不应超过以天线基础为准的 2.5°垂直张角。

以天线为中心，半径 150m 以内不应有树木，距天线 150～300m 不应有高于 9m 的独立树木，300m 以外树木的高度不应超过以天线顶部为准的 2°垂直张角。

以天线为中心，半径 150m 以内不应有金属栅栏和拉线以及交通流量大的铁路、公路、金属建筑物等，150m 以外金属栅栏和拉线的高度不应超过以天线基础为准的 1.5°垂直张角。

以天线为中心，半径 360m 以内不应有架空金属线缆，360m 以外架空金属线缆的高度不应超过以天线顶部为准的 0.5°垂直张角；径向进入全向信标台内的电源线和电话线应从 200m 以外埋入地下。

（2）多普勒全向信标台场地及其环境要求

以天线为中心，半径 100m 以内不应有建筑物（机房除外）；半径为 100～300m 金属结构建筑物的高度不应超过以地网水平面为准的 1°垂直张角，木质结构建筑物的高度不应超过以地网水平面为准的 2.5°垂直张角；300m 以外，金属结构建筑物的高度不应超过以天线基础为准的 2.5°垂直张角，木质结构建筑物的高度不应超过以天线基础为准的 5°垂直张角。

以天线为中心，半径 50m 以内不应有树木；距天线 50～100m 处不应有成片的树木，独立树木的高度不应高于地网水平面 4m；150～300m 处树木的高度不应超过以地网水平面为准的 2°垂直张角；300m 以外树木的度高不应超过以天线基础为准的 4°垂直张角。

以天线为中心，半径 100m 以内不应有金属栅栏和拉线及流量大的铁路、公路；100～200m 金属栅栏和拉线的高度不应超过以地网水平面为准的 0.5°垂直张角；200m 以外金属栅栏和拉线高度不应超过以天线基础为准的 1.5°垂直张角。

以天线为中心，半径 100m 以内不应有架空金属线缆，100～300m 架空金属线的高度不应超过以地网水平面为准的 1°垂直张角；300m 以外的架空金属线缆的高度不应超过以天线基础为准的 3°垂直张角。

径向进入全向信标台内的电线和电话线应从 100m 以外埋入地下。

地网下相对于全向信标台天线呈阴影的区域内，允许无源建筑物存在。

第三节 测 距 仪

测距仪（Distance Measuring Equipment，DME）的作用是通过仪表显示，给飞行员提供距离信息。当 DME 与 VOR 合装时，VOR 提供的方位引导信息与 DME 提供的距离信息组合后，就能给飞机定位。当 DME 与 ILS 合装时，能给进近和着陆的飞机提供至测距仪台、着陆点或跑道入口的连续距离。

一、DME 的基本原理

（一）DME 的系统组成

DME 由机载设备和地面设备组成。机载设备主要由询问器、接收机、天线、距离显示器等组成；地面设备主要由安装在室内机柜中的应答机、监控器、控制器、电源等和室外天线组成。地面设备与 VOR 合装时的外观，如图 7-42 所示。

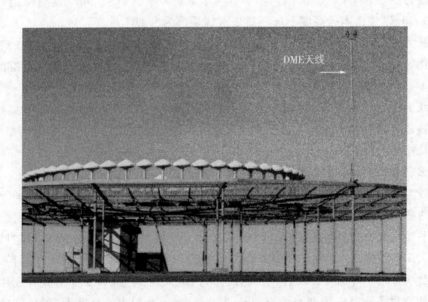

图 7-42　DME 与 VOR 合装时的外观图

（二）DME 的测距原理

DME 的测距原理是测量无线电脉冲信号在空间的传播时间。对无线电波而言，其在空间的传播速度是不变的，即约 3×10^8 m/s，因此通过测量出从飞机发出询问信号，到接收到地面台的应答信号这段时间，就可计算出飞机到 DME 台的斜距。

其测距基本过程是，首先由机载询问器向地面台发出询问脉冲对信号；地面台收到有效询问信号后，由应答机发出一对应答脉冲；机载接收机接收到对自己询问的应答后，计算从发出询问信号到接收到应答信号的这段时间；然后把时间转换为距离，在显示器上以 n mile 为单位显示出来。

（三）DME 的波道和工作频率

（1）波道：DME 共有 252 个波道，X 波道（民用航空用）和 Y 波道各 126 个；相邻波道询问频率相差 1MHz；每个波道的询问和应答频率相差 63MHz。

（2）工作频率：频率范围为 962～1213MHz，但询问频率和应答频率是分开使用的。以 X 波道为例，1#～126# 波道，询问频率为 1025～1150MHz，波道号每增加 1 号，频率增加 1MHz。应答频率则分低端和高端，低端 1#～63# 的频率为 962～1024MHz，高端 64#～126# 的频率为 1151～1213MHz。

（3）波道号与 ILS 和 VOR 的关系：DME 的工作频率在机载设备上是没有单独选择器的，它和 ILS 或 VOR 配合使用，即只要选择了 ILS 中的航向信标或 VOR 的频率，DME 的频率也就自动选择好了。

在 DME 的 X 波道的 126 个波道中，由于 ILS 和 VOR 一共只有 100 个频率点可用，因此 X 波道实际只能用 100 个，即 17#～59# 波道、70#～126# 波道。DME 的波道和工作频率示意图，如图 7-43 所示。

在 DME 的频率范围内，1030MHz 和 1090MHz 是二次雷达的专用频率。

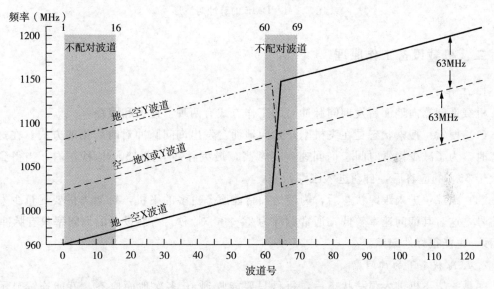

图 7-43　DME 的波道和工作频率示意图

（四）DME 的脉冲对波形

在 DME 中，不管是机载设备还是地面设备，发射的信号都是一个脉冲对，波形为伪高斯波形（或称为钟形）脉冲。

使用钟形脉冲有两个明显的优点：一是其频谱窄，对邻近波道干扰小。由于 DME 波道间隔只有 1MHz，如果使用方波，虽然会有利于测量脉冲的前后沿，但方波频谱很宽，对邻近波道干扰严重。二是其能量集中。

脉冲对波形（X 波道）如图 7-44 所示，其中主要指标如下：

（1）询问对与应答对的间隔：$12\mu s \pm 0.25\mu s$；

（2）询问与应答的系统延时：$50\mu s \pm 0.25\mu s$；

（3）每个脉冲的脉冲前沿（0.1A～0.9A）：2.5μs（微秒），不得超过3μs；

（4）脉冲后沿（0.1A～0.9A）：2.5μs，不得超过3.5μs；

（5）脉冲宽度（半幅度点0.5A处）：3.5μs±0.5μs；

（6）应答脉冲对：两个脉冲幅度应一致。

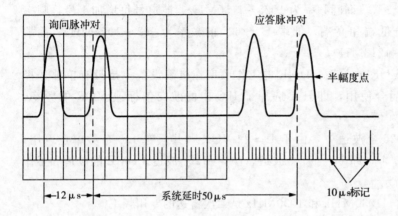

图7-44　DME的脉冲对波形

二、机载设备工作原理

1. 工作方式

机载询问器向地面台发询问脉冲对的工作方式有两种：搜索和跟踪。

（1）搜索：搜索状态是在飞机刚开始向地面台发出询问脉冲对时所用的方式。在这种状态时，为了减少搜索时间，询问速率非常高，最大脉冲可达150对/秒左右，当得到地面大于65%的应答后，自动进入跟踪状态。

（2）跟踪：进入跟踪状态后，为使地面台能服务更多的飞机，每架飞机要尽量少发询问信号，这时其询问速率较低，通常脉冲为24～30对/秒。有些设备的询问率只有脉冲15对/秒，也能很好地跟踪。

2. 跟踪状态下的询问率

一是一架飞机进入跟踪状态后，每秒只要能收到10多次地面应答，就能连续显示距离信息了。二是地面台发射的应答脉冲最大为2700对/秒，如果每架飞机最多只需询问30次，地面应答率为70%，则每个地面台服务的飞机就可以超过100架。

例如：搜索的飞机为5架，每架飞机询问脉冲150对/秒（ICAO规定的最大值），则地面应答的脉冲对需要：

$$150 对 \times 5 \times 70\% = 525 对$$

同时，跟踪的飞机为95架，每架飞机询问脉冲30对/秒，则地面应答的脉冲对需要：

$$30 对 \times 95 \times 70\% = 1995 对$$

525对+1995对=2520对，小于地面台每秒最大能发射2700应答脉冲对。这样，在DME的有效作用距离内，一个地面台就能为100架以上的飞机服务了。

从搜索状态的第一个询问脉冲对发出，到接收机稳定跟踪自己的应答信号，总时间通常不会超过1秒，其中每个询问和应答的时间周期，是以微秒计的。

3. 机载接收机辨认自己的应答信号

当100余架飞机在都在同一频率上询问时，机载接收机确定哪个应答脉冲是对自己的回答，也就是如何从众多的应答脉冲中辨认出自己的应答脉冲，是正确测量距离的基础。

无论在搜索状态还是跟踪状态，询问器每秒都要发出一定数量的询问脉冲对，但这些数量都是一个大约的平均数。为了要辨认出自己的应答脉冲，一是相邻的询问脉冲对之间的间隔是随机的；二是每架飞机的随机规律是不同的。当询问脉冲发出后，机载接收机内一个称为距离门的电路就会开始搜索自己的应答脉冲，搜索到一定数量自己的应答脉冲后，距离门就稳定下来，产生输出信号。其过程是：

(1) 当第一个询问脉冲对发出，并经过一定的延时后，距离门会接收到一个应答脉冲对，这个应答脉冲对是否就是对自己的应答，此时还不能确认。

(2) 第二个询问脉冲继续发出后，距离门经过与前一个差不多量的延时接收应答信号；如果此时没有应答信号，距离门逐渐加大延时时间接收第三个应答信号；如果仍没有应答信号，则再加大延时时间，第四个、第五个……直到收到应答信号；这等于又回到了第 (1) 步。

(3) 再重复第 (2) 步，直到在差不多同一个位置连续收到自己的应答信号后，距离门就会在此延时时间附近跟踪自己的应答信号了。

由于每架飞机的询问是随机的，因此各架飞机询问重合的概率是非常低的。这样，通过以上这些过程，就可以排除掉其他随机接收到的应答脉冲，而辨认出自己的应答信号。

4. DME 的距离计算

先由机载询问器发射询问信号，在收到地面应答机的应答后，通过测量信号来回的时间，计算出飞机至地面台的斜距（R）。

R（以 km 计）的计算方法：

$$R=\frac{c\times(t-t_0)}{2}$$

式中，c 为无线电波传播速度或光速（299792.5km/s≈300000km/s）；t 为询问信号发出后到接收到应答信号的时间（秒）；t_0 为地面设备的信号处理的固定延时时间（50μs）。

例如：飞机发出询问到接收到地面应答，共用了1285μs，则飞机距地面台的斜距为：

$$R=\frac{c\times(t-t_0)}{2}=\frac{300000\times(1285-50)\times10^{-6}}{2}=185.2\ (km)$$

由于机载 DME 指示器是以 n mile（n mile，1 n mile＝1.852km）为单位显示的，在实际计算中通常也以海里来计算。无线电波传播速度或光速换算成海里为：

$$300000\div1.852=161987n\ mile/s,$$

电波传播 1 n mile 所需的时间：

$$1/161987=6.173333\ (\mu s)$$

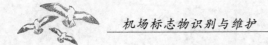

1 n mile 来回所需的时间为：

$$6.173333 \times 2 = 12.347 \ (\mu s)$$

用海里计算斜距时，公式为：

$$R = \frac{(t - t_0)}{12.347} = \frac{1285 - 50}{12.347} = 100.0 \ (n \ mile)$$

DME 距离在机载指示器上的显示（小数点后只显示一位数），如图 7-45 所示。

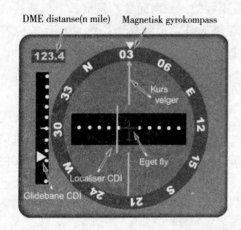

图 7-45　距离在机载指示器上的显示

三、DME 的定位作用

VOR 的作用是定向，VOR/DME 的作用是定位。同样，当机载设备配置了飞行管理计算机后，DME/DME 不仅能完成定位，而且还是首选的方式。

无论是 VOR/DME 定位，还是 DME/DME 定位，都能实现区域导航。

1. $\theta-\rho$ 定位

现代民用飞机已普遍使用 VOR/DME 定位；它是一种利用 VOR 的方位角、DME 的斜距作为基本信号，来计算飞机到某个航路点的航向和距离的导航系统。这种定位称为 $\theta-\rho$ 定位，也称为极坐标定位。

如图 7-46 所示，在由飞机位置（A）、航路点（B）和 VOR/DME 台（C）构成的三角形中，当已知 θ_1、AC 边（飞机测得的 VOR 方位角和 DME 距离）、θ_2 和 BC 边（机载数据库得到）时，可计算出 θ_3 和 X 边的长度，这样就得到了飞机的航向和到航路点的距离。

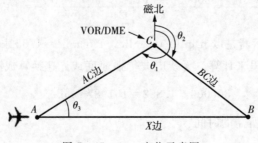

图 7-45　$\theta-\rho$ 定位示意图

2. $\rho-\rho$ 定位

$\rho-\rho$ 定位，是利用两个以上 DME 进行的。采用 $\rho-\rho$ 定位比 $\theta-\rho$ 定位的导航精度更高。因此，在装有飞行管理计算机的飞机上，无线电导航数据选择的优先程序为：

(1) DME/DME（$\rho-\rho$ 定位），两个不同位置的 DME；

(2) DME/VOR（$\theta-\rho$ 定位），当只能收到一个有效 DME 的信号时，使用同一个位置的 VOR 和 DME。

即当飞机在多个 VOR/DME 信号覆盖区内飞行时，虽然机载接收机可以收到 VOR 信号，并把 VOR 信号送到飞行管理计算机，但计算机的软件系统已优先选择了 $\rho-\rho$ 定位，因此一般不采用 VOR 信号。只有在不能同时收到两个 DME 信号时，计算机才选择 $\rho-\theta$ 定位。

$\rho-\rho$ 定位原理是：当飞行管理计算机开始工作后，首先检索导航设备清单，对两个地理位置最好的 DME 进行自动调谐。选择最佳对的原则是，两个台与飞机连线（R_1，R_2）之间的夹角（α）要满足 $30°<\alpha<150°$，如图 7-47 所示。

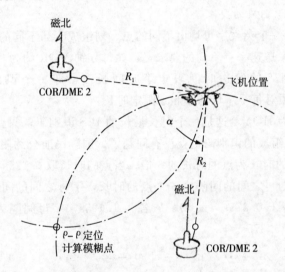

图 7-47 $\rho-\rho$ 定位示意图

当机载计算机计算出飞机距这两个台的距离后，由于导航数据库内存有各台的经纬度，那么飞机的位置也就确定了。

在计算位置时，还有两个圆弧相交的另一个点，即 $\rho-\rho$ 定位模糊点，通过与惯导输入的位置数据相比较，就可排除掉。

四、地面设备工作原理

1. 设备组成及基本工作原理

地面设备主要由应答机、监控器、控制器、交换器、电源、天线等组成。其基本工作原理是，应答机中的接收机部分可以连续接收来自服务区内的所有飞机的询问，设备一旦开启，收到来自飞机的询问，并鉴别有效脉冲对后就向应答机发出指令，由应答机发出应答脉冲，经天线向空间辐射。

　　监控器的作用是连续监控应答机的一些主要参数，如发射功率、应答效率、脉冲间隔、系统延时、识别信号等，当有参数超出门限时，就给控制器发出告警信号。如果服务区内空中没有飞机发出询问信号，则会自动产生填充脉冲对模拟飞机的询问，使地面接收机保持正常的灵敏度，最小填充脉冲对频率约为 1000 对/秒。

　　控制和交换部分主要功能是：提供人工和自动控制；可选择主备用机，主用机连接天线，备用机连接假负载；收到告警信号后，控制换机或关机；提供遥控；等等。

　　2. 识别信号

　　与其他导航设备一样，DME 同样采用国际莫尔斯电码发送识别信号。

　　DME 识别信号可采用"独立"或"联合"工作模式。独立工作时：DME 的识别码由自己的信号产生器产生，发送速率为每分钟至少 6 次识别码，每 40 秒钟内至少发射 1 次。与 VOR 或 ILS 的航向信标联合工作时：一般由 VOR 或航向信标识别码为主信号源，每 30 秒钟内 VOR 或航向信标等间隔发送 3 次、控制 DME 发送 1 次。

　　DME 识别信号的调制单音为 1350Hz。

　　3. 莫尔斯电码及识别码的要求

　　莫尔斯电码中的 26 个英文字母均由不同的点、划组成。当不同的字母组成识别码时，由于设备对识别码的发送速率有不同的要求，例如每分钟 VOR 约为 7 次、DME 为至少 6 次，这就对每个识别码的发送时间限定了时间长度，即每个识别码的最长时间为 8.5～10s。因此，必须对每个字母的点和划限定时长。

　　例如：某识别码为 IJQY，这是一个时长最长的 ILS 识别码，只要它符合要求了，由其他任意 2～3 个字母组成的识别码也就没有问题了。国际民航公约附件 10 中规定点的时长为 0.1～0.16s，划的时长为点的时长的 3 倍。当点的时长取 0.125s 时，划等于 0.375s；点（或划）和点（或划）之间的间隔为一个点的时长，字母之间的间隔为一个划的时长。如图 7-46 所示，I 等于 0.375s，J、Q、Y 各为 1.625s，字母间隔为 0.375s×3 个。这样，IJQY 的总时长为 6.375s。

```
A ·—        B —···      C —·—·      D —··       E ·         F ··—·
G ——·       H ····      I ··        J ·———      K —·—       L ·—··
M ——        N —·        O ———       P ·——·      Q ——·—      R ·—·
S ···       T —         U ··—       V ···—      W ·——       X —··—
Y —·——      Z ——··
```

图 7-48　莫尔斯电码及识别码示意图（单位：s）

　　4. 天线、极化、台址的场地要求

　　地面设备的全向天线，一般由 9～12 个双锥形辐射体组合而成，辐射体的数目决定垂直面的方向图和天线增益。当天线由 9 个双锥形辐射体组合时，增益不低于 9 分贝（dB）。

DME 辐射和接收的信号均为垂直极化波。

DME 的场地要求，与 VOR 相同。通常来说，与 VOR 合装时，适合 VOR 的场地，一般也适合 DME；与 ILS 的下滑台合装时，除下滑天线和机房属于障碍物外，场地环境一般是没有问题的。

5. 覆盖范围

DME 工作在特高频频段（微波波段），其作用距离为视距传播。DME 输出的是脉冲功率，目前常用的地面设备的脉冲输出功率，有 ≥1000W（30dB·W）和 ≥100W（20dB·W）两种规格。一般来说，无论哪种输出功率的设备与 VOR 联合工作时，其覆盖区至少应与 VOR 相等。

以理论值而言，要使 DME 天线处的信号强度达到所需值 −105dB·W/m² 或 −83 dB·W/m²，与 VOR 的接收信号强度相比，DME 必须辐射较大的功率。有效辐射功率与高度、作用距离之间的关系，如图 7-49 所示。由图可见，如果飞机在 9000m 巡航高度飞行时，要达到 125n mile 以上的覆盖，DME 的有效辐射功率必须在 36dB·W 以上，而发射机的输出功率 1000W 只等于 30dB·W，若再减去馈线等的损耗，实际的辐射功率还要低些。因此，为弥补发射机输出功率的不足，DME 通常都采用高增益天线。

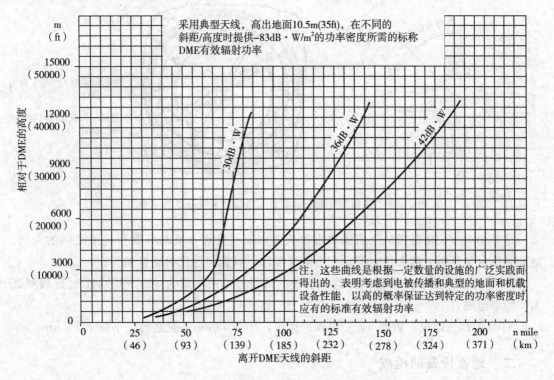

图 7-49　辐射功率与高度、作用距离示意图

6. 场地及其环境要求

和 ILS 相配按仪表着陆场地及其环境要求。和常规全向信标台相配按常规全向信标台的要求。和多普勒全向信标台相配按多普勒全向信标台的要求。单独设台按多普勒全向信标台的要求。

第四节 无方向信标

无方向信标（Non Directional Beacon，NDB）是一种供机载无线电罗盘测向用的近程导航设备。无方向信标工作在 190～1750kHz 频段，与机载无线电罗盘配合工作，用以测定航空器与导航台之间的相对方位角，引导航空器沿预定航线飞行、归航和进场着陆。无方向信标台场地及其附近的反射、再反射和吸收电磁波的地形地物，会干扰或影响机载无线电罗盘正常接收和测向，从而引起定向误差、指针摆动和导航覆盖缩小。

一、NDB 的基本原理

NDB 的工作原理是，以它发出的无方向性的无线电波给飞机判断方位。当飞机进入地面 NDB 信号的有效范围上空，飞机上的无线电罗盘就开始工作，给飞机指示出一个相对方位角，如图 7-50 所示。

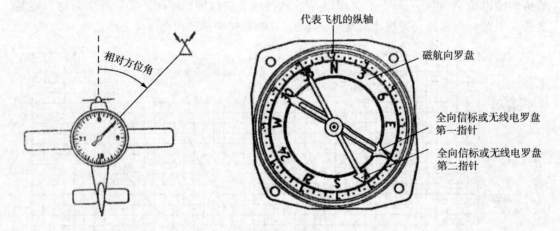

图 7-50 飞机与导航台的相对方位角及无线电罗盘示意图

这个相对方位角是指从飞机纵轴沿机头方向顺时针到飞机与导航台连线之间的夹角。地面导航台与飞机上的无线电罗盘配合起来工作，就能引导飞机正常航行。

NDB 的工作频率在长波的高端和中波的低段，范围一般为 150～700kHz；机载罗盘工作频率范围为 150～1300kHz。

NDB 的作用距离：近台 50～70km；远台：70～100km；航路台：不低于 150km。

二、地面设备的组成

1. 设备机柜部分

地面设备主要包括设备机柜、天线、地网等三大部分，如图 7-51 所示。

设备机柜主要由发射机、监控器、电源等组成。就发射机而言，目前常用的全固态设备，输出功率有 100W、200W、500W 等多种，以满足不同的作用距离之需求。

根据不同的要求，NDB 输出可用调幅报（远、近台）或等幅报（航路台）信号，即地面设备用 400Hz 或 1020Hz 的音频，以调幅或等幅的方式调制载波发识别信号。通常近台发送一个英文字母的国际莫尔斯电码，远台和航路台发送两个英文字母组成的国际莫尔斯电码。

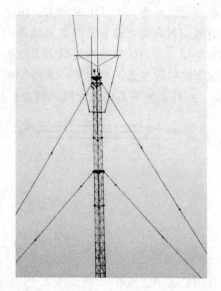

图 7-51　设备及天线示意图

2. 天线和地网

由于 NDB 的工作频率在长波的高端和中波的低段，而长波和中波主要依靠地表面波传播，需采用垂直极化波；所以 NDB 的天线都是垂直架设的，天线的有效辐射部分是其垂直线段。为了增强地表面波的辐射强度，虽然采用高度为 $\lambda/2$ 的天线最为理想，即垂直线段的臂长为 $\lambda/4$，这时天线上的驻波电流最大，辐射信号最强，如图 7-52 所示；但在实际运用中是难以实现的。例如：工作频率为 500kHz 时，其 $\lambda/4$ 是 150m，要架设 150m 高的天线是非常困难的，而且频率越低，λ 越大。频率为 200kHz 时，其 $\lambda/4$ 是 350m。因此，实际使用天线的高度（一般为 10～36m）与波长相比，其比值 h/λ 是很小的。由于比值小，天线的辐射电阻也小，效率就很低，通常为 0.5%～5%。也就是说，即使发射机输出功率达 100W，如果效率很低（例如 1%），那这个 NDB 的实际有效辐射功率也就只有 1W。

为了提高直立式接地天线的效率，必须增大天线的有效高度和减小地损耗。

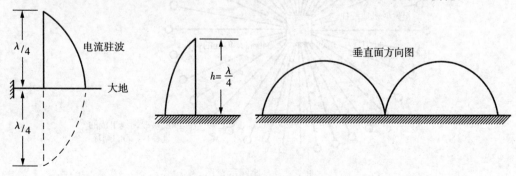

图 7-52　天线高度为 $\lambda/4$ 时的驻波电流和垂直面辐射信号示意图

3. 增大天线的有效高度

天线高度为 $\lambda/4$ 的直立式接地天线与地底下的倒影（或称镜像）合为半波垂直天线，这时天线顶部电流最小、下部电流最大。由于难以架设百米以上的天线，而又要增大直立式天线的有效辐射高度，通常采用在天线顶端加接水平或倾斜导线的方法来加以解决，这种方法称为加顶。加顶的作用，是增大天线顶部对地电容，使天线上的驻波电流上移，天线垂直段顶部的驻波电流不再为零，从而使垂直段的驻波电流增大，并且比较均匀，如图 7-53 所示。这样就能在不增加天线几何高度的条件下，使天线的有效辐射高度增加。

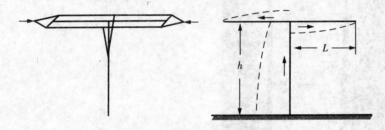

图 7-53 T 型天线的驻波电流示意图

常用的加顶天线有 T 形、倒 L 形、伞形天线等。T 型天线是将水平导线接在垂直导线的中点而构成，为提高效率，水平部分通常用 3~4 根导线组成。T 形天线的方向性图与直立式接地天线相同，水平面是一个圆，垂直面是半个横放的"8"字形。

4. 减小地损耗

为提高天线的效率，另一个措施就是减小地损耗，使地损耗电阻减到最小，而埋设地网就是减小地损耗电阻最常用的方法。

地网由多根裸铜线从天线底部向四周成辐射状埋入地下而成，如图 7-54 所示。裸铜线一般为粗 4mm 的紫铜线，远台或航路台的地网用 30~60 根，每根长 30m，埋地 0.8m 深；近台用 12~24 根，每根长 15~20m。

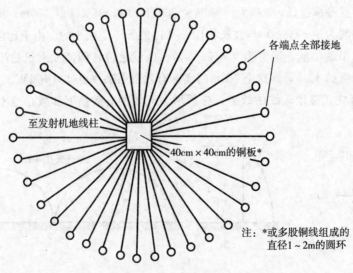

各端点全部接地

至发射机地线柱

40cm×40cm的铜板*

注: *或多股铜线组成的
直径1~2m的圆环

图 7-54 地网示意图

三、机载自动定向仪（无线电罗盘）工作原理

机载自动定向仪（无线电罗盘）由环状天线、垂直天线、罗盘接收机、双向电动马达、指示器、控制器等组成，如图7-55所示。

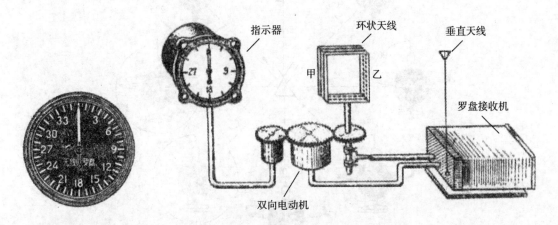

图7-55　无线电罗盘基本原理结构示意图

其原理是：环状天线环面正对地面NDB天线时，电波同时通过甲边和乙边，在两边产生的感应电流强度大小相等、方向相反，环状天线的合成电流为零。环状天线环面不正对地面天线时，电波不是同时通过甲边和乙边，环状天线的合成电流不为零，即环状天线具有方向性，其方向图为一个"8"字形；而垂直天线的方向图为一个圆；两个天线合成的方向图为一个心形，如图7-56所示。

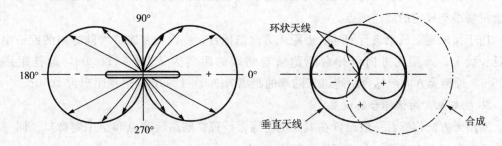

图7-56　环状天线及天线合成的方向图

当环状天线环面不正对地面天线时，环状天线输出的电流经放大后，由双向电动机带动环状天线转动，直至其正对地面天线时，合成电流为零。利用环状天线的这种方向性，与垂直天线的全向相结合，就可以用最小信号点的方法确定地面台的位置。

在电动机带动环状天线转动的同时，还通过信号电流带动指示器（无线电罗盘）的指针转动，无线电罗盘就能指示出飞机与地面台的相对方位角，如图7-57所示。

当VOR工作时，无线电罗盘也可用于VOR的指示。

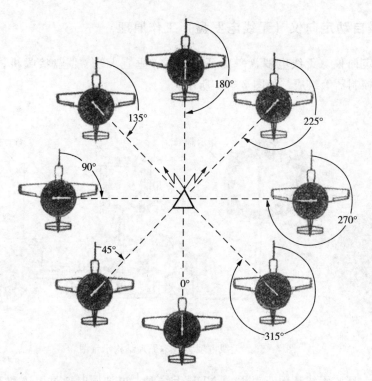

图 7 - 57 飞机与地面台的相对方位角示意图

四、无方向信标台的设置

1. 机场无方向信标台的设置

用于保障简单气象飞行的无方向信标台，可设置在机场内或跑道中心线延长线上，并符合机场净空规定的适当地点。

用于保障复杂气象飞行的远、近距无方向信标台，应设置在跑道着陆方向的跑道中心线延长线上。远距无方向信标台距跑道着陆端的距离为 6500～11100m，最佳距离为 7200m，近距无方向信标台距跑道着陆端的距离为 900～1200m，最佳距离为 1050m。

2. 航路无方向信标台的设置

航路无方向信标台一般设置在航路上。通常设置在航路转弯点和空中走廊口。同一航路的两个相邻无方向信标台的间距一般为 300km。

五、场地及其环境要求

以无方向信标台天线为中心，半径 100m 的范围内，应平坦、开阔、地势较高。无方向信标台场地及其周围宜为导电率高的腐殖土或黏土，尽可能不选用砂石或岩石场地。无方向信标台天线中心点与各种地形地物之间所允许最小间隔距离见表 7 - 4。进入无方标台的通信和电源线缆应从距无方向信标台天线中心点 150m 以外埋入地下。陡峭的山麓、山谷地带不宜设置无方向信标台，但山顶场地可以设置无方向信标台。

表 7-4　无方向信标台天线中心点与各种地形地物之间所允许的最小间隔距离

地形地物名称	允许间距
高于 3m 的树木	50
3～8m 的建筑物（机房除外）	50
高于 8m 的建筑物	120
交通流量大的公路	50
铁路、电气化铁路	150
金属栅栏、金属堆积物、电力排灌站	150
架空低压电力线、电话线、广播线	150
110kV 以下架空高压输电线	150
110kV 及以上架空高压输电线	500
悬崖、海岸斜坡、江河堤坝	300

第五节　其他导航设备净空要求

一、塔康导航台（TACAN）

塔康导航台与机载设备配合工作，能不间断地为飞机提供方位和距离信息，用以引导飞机沿预定航线飞行、归航和辅助飞机进场着陆。塔康导航台通常设置在机场内或跑道中心延长线上。塔康导航台工作在 962～1213MHz 频段。飞行高度为 400m 时，塔康导航台覆盖区半径为 65km。塔康导航台覆盖区内最低信号场强为 $1000\mu V/m$（60dB），最低峰值脉冲功率密度为 $-86dB\cdot W/m^2$。在塔康导航台覆盖区内，对各种有源干扰的防护率为 8dB。

塔康导航台场地保护要求：以天线为中心，半径 300m 以内场地应平坦开阔，一切障碍物的高度不应超出图 7-58 所示的阴影区。以天线为中心，半径 300m 以外的植物区和其他障碍物，其高度应满足如下要求（图 7-58）：

（1）最大水平张角为 9°的植物区，允许最大垂直张角为 13°。

（2）最大水平张角为 30°的植物区，允许最大垂直张角为 7°。

（3）最大水平张角为 3°的障碍物，允许最大垂直张角为 8°。

（4）最大水平张角为 10°的障碍物，允许最大垂直张角为 5°。

以天线为中心，半径 300m 以内不得有铁路和架空金属线缆。引入塔康导航台的电源线和电话线应从 300m 以外埋入地下。

二、着陆雷达站（PAR）

着陆雷达站向着陆方向交替发射水平和垂直扫描波束，接收飞机的反射回波，测定其

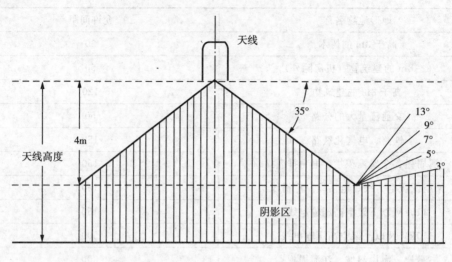

图 7-58 塔康导航台场地要求

位置，用以引导飞机进场着陆。

着陆雷达站通常设置在跑道中部的一侧，距跑道边缘不少于 100m。

着陆雷达站的工作频率为 9370MHz±30MHz。

着陆雷达站的覆盖区为，以天线为基准，方位为 ±10°，仰角为 −1°～+8°，距离为 35km（图 7-59）。

着陆雷达站周围应平坦开阔。在覆盖区，距天线 500m 以内不得有高于以天线为基准 0.5°垂直张角的障碍物。

配有超短波定向台的着陆雷达站，还应满足超短波定向台的各项保护要求。

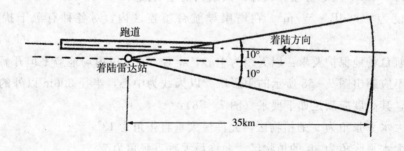

图 7-59 着陆雷达覆盖区

三、测量仪器和测量方法

测量信号场强和干扰场强所用仪器应符合国家标准 GB 6113—85（电磁干扰测量仪规范）的要求。

测量幅度调制和频率调制的连续波信号场强或干扰场强，应采用平均值检波；测量脉冲调制的信号场强或干扰场强，应采用准许峰值检波或峰值检波。

信号场强和干扰场强的测量均在地面进行。

各种干扰源的干扰场强的测量，应按照有关的国家标准所规定的方法进行。

工业、科学和医疗（ISM）设备干扰允许值及对航空导航业务防护距离的计算，参考如下：

（1）工业、科学和医疗（ISM）设备干扰允许值及其衰减特性，见表7-5。

表 7-5 衰减特性

防护业务	频率范围 （MHz）	防护率 （dB）	ISM 设备干扰衰减率	离开 ISM 设备用户边界 30m 处的干扰允许值 dB（μV/m）
中波导航台	0.150～0.535	9	d-2.8	85
超短波定向台	108～400	14	d-1	40
航向信标台				
全向信标台				
下滑信标台				

（2）对工业、科学和医疗（ISM）设备干扰防护距离的计算公式：

$$d = 30 \times 10 \left(\frac{E_{30} - E_s + R}{20A} \right)$$

式中，d——防护距离，即 ISM 设备距离地面或机载接收设备的距离，m；

E_{30}——ISM 设备干扰允许值，dB（μV/m）；

E_s——防护业务的信号场强，dB（μV/m）；

R——防护率，dB；

A——ISM 设备干扰衰减率中的衰减指数，如表7-5在0.150～0.535MHz 频段为2.8。

（3）当工业、科学和医疗设备的干扰允许值和衰减率不能达到表中的标准时，应根据实际测量的干扰场强值和衰减率进行防护距离的计算。

飞机在航空无线电导航台站覆盖区和进场着陆时的飞行高度，参考件如下：

① 运输机按远、近距导航台进场着陆时的下滑线，如图7-60。

② 利用航向信标台、下滑信标台、全向信标台、测距台和塔康导航台引导飞机进场着陆时的最低飞行高度按最低下滑角2.5°计算。

③ 除进场着陆阶段外，飞机在中波导航台、全向信标台、测距台和塔康导航台覆盖区内的最低飞行高度为400m；在仪表着陆系统航向信标台和下滑信标台覆盖区内的最低飞行高度为600m。

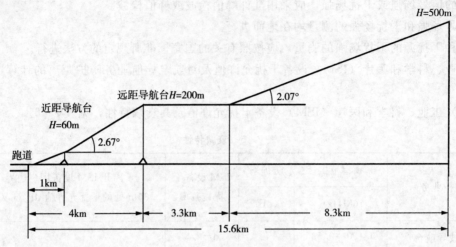

图 7 - 60 飞机着陆时下滑线

 学完本部分后回答下列问题：

1. 不同类型机场灯光有何区别？
2. 航空障碍灯的要求有哪些？
3. 如何识别航空障碍灯的种类？

附录 A　逆向反光贴片的性能要求

1. 贴片的逆向反射系数不小于表 A1 和表 A2 所示数值。

表 A1　M、S 式标记牌使用的贴片的最小逆向反射系数

观察角（°）	进入角（°）	最小逆向反射系数（cd · lx^{-1} · m^{-2}）		
		白	黄	红
0.2	−4	70	50	14
0.2	+30	30	22	6.0
0.5	−4	30	25	7.5
0.5	+30	15	13	3.0

表 A2　O 式标记牌使用的贴片最小逆向反射系数

观察角（°）	进入角（°）	最小逆向反射系数（cd · lx^{-1} · m^{-2}）		
		白	黄	红
0.2	−4	250	170	35
0.2	+30	80	54	9
0.5	−4	135	100	17
0.5	+30	55	37	6.5

2. 贴片亮度因数（$Y\%$）（昼间亮度）应符合表 A3 的要求。

表 A3　逆向反光贴片的亮度因数

颜色	最小值	最大值
白	27%	—
黄	10%	45%
红	3.0%	15%

3. 贴片的色度要符合附录 B1 中规定的条件，测定值应在附录 B 中规定的界限之内。白昼和夜间的色度不应有大的差异。

4. 贴片应有良好的耐候性。M、S 式标记牌使用的贴片在经过 1000h 的人工气候老化后，逆向反射系数不应低于老化前的 50%；O 式标记牌使用的贴片在经过 2200h 的人工老化后，逆向反射系数不应低于老化前的 80%。经过上述老化后的贴片的色度仍能符合 A3 项的规定，并且不应有看得出的开裂、卷曲、起泡等现象。

5. 贴片的收缩应符合以下要求：贴片（带衬底）在温度 23℃±2℃和相对湿度为 50%±5% 的环境中存放至少 1h 后取出，揭去衬底，将贴片的粘胶面朝上放在一块平板上，10min 后在纵横两个方向的收缩率不应大于 0.35%，24h 后的收缩率不应大于 1.4%。

6. 贴片在按照制造厂的说明书粘贴到经过去油脂处理的铝或铝合金板上以后，应黏结良好、不易揭开。贴片如在交货时黏附有保护衬底，该衬底容易揭开而无须将贴片浸入水或其他溶液中，也不应由于揭开衬底造成贴片开裂、断开或将贴片上的黏胶带走。

7. 贴片应具有良好的金属光泽而不灰暗。

附录 B　航空地面灯、标志、标记牌和面板的颜色

一、概述

引言　下列规范规定了各种航空地面灯、标志、标记牌和面板所使用的颜色的色度界限。这些规范与国际照明委员会（CIE）1983 年的规范是一致的。

制定没有混淆可能性地颜色规范是不可能的。为了能相当确定地辨认颜色，以下三点是重要的：眼睛感受的照度要高出视觉阈很多；颜色不曾由于有选择性的大气衰减而大大改变；观察者的色视觉良好。在眼睛上感受的照度水平极高时，诸如在很近处有高光强光源的情况下，也有颜色混淆的危险。经验表明，如果对这些因素给予适当的注意，就能获得满意的颜色识别。

色度是用国际照明委员会 1931 年在英国剑桥召开的第八届会议上通过的标准观察者和坐标系统表示的。

二、航空地面灯的颜色

（一）色度

1. 航空地面灯的色度必须在下列界限之内：

CIE 公式：

（1）红色

紫色界限　　$y = 0.980 - x$

黄色界限　　$y = 0.335$

（2）黄色

红色界限　　$y = 0.382$

白色界限　　$y = 0.790 - 0.667x$

绿色界限　　$y = x - 0.120$

（3）绿色

黄色界限　　$x = 0.360 - 0.080y$

白色界限　　$x = 0.650y$

蓝色界限　　$y = 0.390 - 0.171x$

（4）蓝色

绿色界限　　$y = 0.805x + 0.065$

白色界限　　$y = 0.400 - x$

紫色界限　　$x=0.600y+0.133$

（5）白色

黄色界限　　$x=0.500$

蓝色界限　　$x=0.285$

绿色界限　　$y=0.440$ 和　$y=0.150+0.640x$

紫色界限　　$y=0.050+0.750x$ 和　$y=0.382$

（6）可变白色

黄色界限　　$x=0.255+0.750y$ 和　$x=1.185-1.500y$

蓝色界限　　$x=0.285$

绿色界限　　$y=0.440$ 和

　　　　　　$y=0.150+0.640x$

紫色界限　　$y=0.050+0.750x$ 和　$y=0.382$

2. 在无须调暗灯光，或者必须使色视觉有缺陷的观察者能确定灯光的颜色时，绿色信号应在以下界限以内：

黄色界限　　$y=0.726-0.726x$

白色界限　　$x=0.650y$

蓝色界限　　$y=0.390-0.171x$

3. 当提高辨识的确定性比最大视距更为重要时，绿色信号应在以下界限之内：

黄色界限　　$y=0.726-0.726x$

白色界限　　$x=0.650y-0.041$

蓝色界限　　$y=0.390-0.171x$

（二）灯光颜色的辨别

1. 如果需要相互辨别黄色和白色，应将这两种颜色在空间或时间非常靠近的情况下显示出来，例如从同一个灯标中相继闪光。

2. 如果需要从绿色和/或白色中辨别出黄色来，例如出口滑行道中线灯，黄色光的 y 坐标值就不应超过 0.40。

注：白色的色度界限是在假定其使用场合光源特性（色温）基本不变的条件下确定的。

3. 可变白光是仅准备用于需要改变光强的灯具，例如为了避免眩目需要调光的灯具。如果要从黄色光辨别可变白光，灯具应按下述要求设计和运行：

（1）黄色光的 x 坐标值至少比白色光的 x 坐标值大 0.050；

（2）灯具的布置使黄灯和白灯非常接近并同时发光。

4. 地面航空灯必须用测量的方法来证实它的灯光颜色在规定的界限以内。验证是在额定电压或电流下，通过测量最里层的等光强曲线所围区域上的五个点的颜色来进行的。对椭圆或圆形的等光强曲线，颜色测量必须在中心点和水平、垂直界限上进行。对矩形等光强曲线，颜色测量必须在中心点和四个角点上进行。另外，还必须检查最外侧等光强曲线上的光的颜色，以保证没有出现色移，从而不会使驾驶员感到信号混淆。

注：（1）应测量并记录灯具最外层等光强曲线上的色度坐标，以便有关当局审查并做出能否接受的判断。

（2）某些灯具有可能要让驾驶员在其最外层等光强曲线以外的方位上进行观察和使用（例如，位于相当宽的跑道等待位置上的停止排灯）。在此情况下，有关当局应对实际使用情况进行评估并在必要时要求检查灯具最外层等光强曲线以外的颜色偏移。

5. 对于目视进近坡度指示灯具或其他具有颜色过渡区的灯具，必须按 2.2.4 规定的点进行色度测量，但对于不同颜色区必须分别测量而且不测量在靠近过渡区 0.5°范围内的点。

三、标志、标记牌和面板的颜色

注：（1）下列表面颜色的规范仅适用于新涂刷的颜色表面。标志、标记牌和面板使用的颜色通常随时间而变化，故需要刷新。

（2）有关表面颜色的指导材料，载于题为"对目视信号用的表面颜色的建议"的国际照明委员会文件中。

（3）下列建议中的透光面板的规范是临时性的，是根据国际照明委员会透光标记牌的规范制定的。在国际照明委员会制定出透光面板的规范后，将对这些规范进行检查和更新。

1. 普通颜色、逆向反光材料的颜色，以及透光（内部照明）标记牌和面板的颜色的色度和亮度因数必须在下列标准条件下确定：

（1）照明角度：45°；

（2）观察方向：垂直于表面；

（3）照明体：CIE 标准照明体 D_{65}。

2. 用于标志、外部照明的标记牌和面板的普通颜色色度和亮度因数，当在标准条件下确定时，应在以下界限之内：

CIE 公式：

（1）红色

紫色界限 $y = 0.345 - 0.051x$

白色界限 $y = 0.910 - x$

橙色界限 $y = 0.314 + 0.047x$

亮度因数 $\beta = 0.07$（最小）

（2）橙色

红色界限 $y = 0.285 + 0.100x$

白色界限 $y = 0.940 - x$

黄色界限 $y = 0.250 + 0.220x$

亮度因数 $\beta = 0.20$（最小）

（3）黄色

橙色界限 $y = 0.108 + 0.707x$

白色界限　　　　$y=0.910-x$

绿色界限　　　　$y=1.35x-0.093$

亮度因数　　　　$\beta=0.45$（最小）

（4）白色

紫色界限　　　　$y=0.010+x$

蓝色界限　　　　$y=0.610-x$

绿色界限　　　　$y=0.030+x$

黄色界限　　　　$y=0.710-x$

亮度因数　　　　$\beta=0.75$（最小）

（5）黑色

紫色界限　　　　$y=x-0.030$

蓝色界限　　　　$y=0.570-x$

绿色界限　　　　$y=0.050+x$

黄色界限　　　　$y=0.740-x$

亮度因数　　　　$\beta=0.03$（最大）

（6）黄绿色

绿色界限　　　　$y=1.317x+0.4$

白色界限　　　　$y=0.910-x$

黄色界限　　　　$y=0.867x+0.4$

注：表面红色与表面橙色之间的微小间隔，当分开看时不足以保证将二者区分开。

3. 用于标志、标记牌和面板的逆向反光材料的颜色色度和亮度因数，当在标准条件下确定时，应在以下界限之内：

CIE 公式：

（1）红色

紫色界限　　　　$y=0.345-0.051x$

白色界限　　　　$y=0.910-x$

橙色界限　　　　$y=0.314+0.047x$

亮度因数　　　　$\beta=0.03$（最小）

（2）橙色

红色界限　　　　$y=0.265+0.205x$

白色界限　　　　$y=0.910-x$

黄色界限　　　　$y=0.207+0.390x$

亮度因数　　　　$\beta=0.14$（最小）

（3）黄色

橙色界限　　　　$y=0.160+0.540x$

白色界限　　　　$y=0.910-x$

绿色界限　　　　$y=1.35x-0.093$

亮度因数　　　$\beta=0.16$（最小）

（4）白色

紫色界限　　　$y=x$

蓝色界限　　　$y=0.610-x$

绿色界限　　　$y=0.040+x$

黄色界限　　　$y=0.710-x$

亮度因数　　　$\beta=0.27$（最小）

（5）蓝色

绿色界限　　　$y=0.118+0.675x$

白色界限　　　$y=0.370-x$

紫色界限　　　$y=1.65x+0.187$

亮度因数　　　$\beta=0.01$（最小）

（6）绿色

黄色界限　　　$y=0.711-1.22x$

白色界限　　　$y=0.243+0.670x$

蓝色界限　　　$y=0.405-0.243x$

亮度因数　　　$\beta=0.03$（最小）

4. 用于透光（内部照明）标记牌和面板的颜色色度和亮度因数，当在标准条件下确定时，应在下列界限之内：

CIE 公式：

（1）红色

紫色界限　　　$y=0.345-0.051x$

白色界限　　　$y=0.910-x$

橙色界限　　　$y=0.314+0.047x$

亮度因数　　　$\beta=0.07$（最小）

（日间情况）相对于白色的 5％（最小）

亮度（夜间情况）20％（最大）

（2）黄色

橙色界限　　　$y=0.108+0.707x$

白色界限　　　$y=0.910-x$

绿色界限　　　$y=1.35x-0.093$

亮度因数　　　$\beta=0.45$（最小）

（日间情况）相对于白色的 30％（最小）

亮度（夜间情况）80％（最大）

（3）白色

紫色界限　　　$y=0.010+x$

蓝色界限　　　$y=0.610-x$

绿色界限　　　$y=0.030+x$

黄色界限　　$y=0.710-x$

亮度因数　　$\beta=0.75$（最小）

（日间情况）相对于白色的100%

亮度（夜间情况）

（4）黑色

紫色界限　　$y=x-0.030$

蓝色界限　　$y=0.570-x$

绿色界限　　$y=0.050+x$

黄色界限　　$y=0.740-x$

亮度因数　　$\beta=0.03$（最大）

（日间情况）相对于白色的0%（最小）

亮度（夜间情况）2%（最大）

附录C　标记牌平均亮度计算

标记牌的平均亮度通过在显示典型的文字符号和背景颜色（强制性指令标记牌为红色，方向和目的地标记牌为黄色）的标记牌牌面上确定网格点的方法计算：

（1）先在牌面的左上角建立一个网格基准点，距离牌面的左边界和顶边各7.5cm。

（2）从网格基准点开始在水平和垂直方向以15cm的间距建立网格，距离牌面边缘不足7.5cm的点不计。

（3）如一行或一列的最末点至牌面边缘的距离在22.5cm与15cm之间（不含15cm和22.5cm），则在距离最末点7.5cm处增加一个网格点。

（4）如网格点恰位于字符与背景颜色的交界处，则必须将该网格点稍稍移动，使之完全在字符以外。

可能需要增加若干个网格点以保证每一字符包括至少五个等间距的网格点。如一个单元包含两种类型的标记牌，则必须为每一种类型的标记牌建立网格点。相邻网格点的亮度值之比必须不大于1.5∶1，在网格点间距为7.5cm的那一部分牌面上，相邻网格点的亮度值之比必须不大于1.25∶1。具体如图C-1所示。

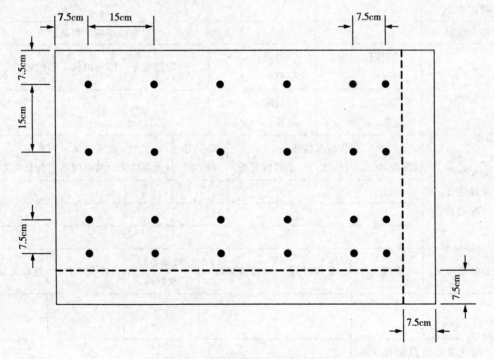

图C-1　标记牌平均亮度网格点

附录 D 民用机场飞行区场地日常巡查记录表

第一部分 巡查基本情况

日期：　　　　　　　　天气：　　　　　　　　记录人：

巡视人				
巡 查 次 数	第一次巡查	第二次巡查	航后巡查	航前巡查
	航班运行中	航班运行中	航班结束后	航班开始前
进入主跑道	时　分	时　分	巡查进入时间	
撤离主跑道	时　分	时　分	时　分	时　分
进入滑行道	时　分	时　分	巡查撤离时间	
撤离滑行道	时　分	时　分	时　分	时　分
指挥中心				
塔台值班			巡查前车辆、物品检查	
巡 视 路 线	○起降：　→ 巡视：　→	○起降：　→ 巡视：　→	○巡视车　○对讲机　○照相机	
	○起降：　→ 巡视：　→	○起降：　→ 巡视：　→	○卷　尺　○　　○	

突发事件 接报处置 情况记录	报告情况描述 （报告部门、时间地点、主要情况等）		处 置 时 间	处置结果及回复 （主要措施、结束时间、信息回复等）	

主要物品移交	发现人	发现时间	发现区域	物品名称 及数量	上交单位	接收人签字

备 注（道面清扫情况、不 利气候时飞行区全面检查等）	

第二部分　巡查记录情况清单

类别编号	检查类别名称	现场状况	异常内容选项	其他说明项
1	道面外来物	○正常 ○异常	①人员遗落物　②道面碎粒 ③机具遗落物　④动物 ⑤植物　⑥其他	外来物详细 名称记录在备注栏
2	道面损坏	○正常 ○异常	1-1 板块断裂 1-2 边角破碎 1-3 唧泥　1-4 拱起/沉陷 1-5 错台　2-1 松散　2-2 裂缝 2-3 沉陷　2-4 拥包　2-5 泛油	发生地必须 填写单元编号
3	道面标志线	○正常 ○异常	①模糊　②其他	
4	道面污染物	○正常 ○异常	①燃油　②污泥　③其他	
5	道面土面高差	○正常 ○异常	①土面高于道面 ②土面低于道面边缘 3cm	
6	土面区草高	○正常 ○异常	①草高超过 30cm ②草遮挡灯光或标记牌	
7	土面区平整	○正常 ○异常	①沉陷　②积水　③其他	
8	障碍物及标识	○正常 ○异常	①存在非法障碍物 ②障碍物的障碍灯和标志失效 ③其他	
9	标记牌和灯具	○正常 ○异常	①标记牌损坏 ②灯具损坏	
10	井盖	○正常 ○异常	①缺失　②损坏 ③沉陷　④其他	
11	不停航施工	○正常 ○异常	①现场标识缺失　②其他	
12	道面雨后积水	○正常 ○异常	①雨后 1 小时存在积水 ②雨后 3 小时存在积水 ③雨后 24 小时存在积水	
13	巡场路、飞行区围界	○正常 ○异常	①损坏　②不平整　③不通畅 ④积水　⑤围界破损	
14	净空	○正常 ○异常	①气球　②异常建筑物 ③鸟害　④风筝　⑤其他	需画示意图记录 发生详细位置

第三部分　巡查记录情况明细

异常类别编号	异常内容编号	发现时间	发生地点	示意图或照片编号	数量	计量	影响飞行安全	备注说明
被告知人签字：								

第四部分　示意图或照片附录

示意图或照片编号	示意图或照片

附录E 民航标准主要维护机具与性能汇总表

机具名称	用途与性能
一、土面区维护机具	
1. 压路机	振动式压实土面
2. 小自卸车	运土方
3. 推土机	平整土方
4. 割草机	割除高草
二、除冰除雪机具	
1. CJS扫雪车	推、吹、刷多功能扫雪
2. S3100B扫雪	刷、吹扫雪
3. 国产扫雪车	吹雪、高温化冰
4. R-1000抛雪车	抛雪
5. 除冰车	喷洒道面除冰液
6. 除冰液回收车	回收机体除冰液
三、道面维护机具	
1. 超高压水清胶机	压力大于36MPa冲清胶足迹
2. 胶迹机械打磨机	机械打磨除胶
3. 摩擦系数测试车	测摩擦系数
4. 标志划线车	划油漆标志
5. 中、小型发电机	照明代动力机械
6. 空压机	0.8立方以上
7. 风镐	破除混凝土
8. 切缝机	切除混凝土
9. 振动器	振动混凝土
10. 沥青洒布机	手压式喷洒沥青
11. 小型混凝土拌和机	拌水泥混凝土

附录 F　维护设备和材料简介

一、冲洗胶迹设备

目前我国可生产超高压水泵设备，并有一些公司拥有这种设备和除胶施工队伍，几个大的机场有的配备了这种设备。

二、机械打磨除胶试验用的除胶打磨机

是用刻槽、切缝两用机改装而成，钢丝轮一般由制刷厂生产。

三、化学除胶产品

目前国内外都已研制出了适用于机场化学除胶的机械和配套的除胶剂。除胶剂一般应具有不燃烧、毒性低以及对环境无污染等特性。

附录 G　标志线检测方法

一、标线外观

目测标线外观。应符合机坪标志线和道路标志的规定。

二、标线尺寸、形状与位置

在连续 100m 路段上选取 5 个测量段，用钢卷尺测量标线所在位置、标线宽度及虚线标线实线段长度、纵向间距，其误差均应符合第二章中的规定。用量角器测量标线的角度，其误差应符合第二章中的规定。

三、标线涂层厚度

1. 溶剂型涂料标线

把一块光平的金属片或玻璃片放置在路面将要划标线的位置处，待划线机通过后，立即将湿膜厚度计垂直地插入划在金属或玻璃片上的标线湿膜中，稳定地保持 5～10s，然后垂直提出，观察涂料覆盖厚度计齿格的位置，读出相应数值。

2. 热熔型涂料标线

先将已知厚度且光平的金属片放置在路面上将要划标线的位置处，待划线机通过后，把已覆盖有标线涂料的金属片取出，过 5min 后，用千分尺或游标卡尺测量总厚度，再减去金属片的厚度即为漆膜厚度。

四、标线色度性能

任选 100m 作为测量段，均布 5 个测量点。用 D_{65} 光源 45°/0°三刺激值色差计测取每个点的色品坐标值和光亮度因数值，求 5 个点的算术平均值。应符合表 G1 的规定，一般情况下可用标定有色品坐标值的标准色卡（板）与其标线对比。

五、面撒玻璃微珠分布

用 5 倍放大镜观察反光标线面撒玻璃珠是否分布均匀，有无结团、成块现象。

六、逆反射系数

在公路上任选 100m 测量段，均布 5 个测量点，将观察角为 1°，入射角为 86.5°的标线逆反射系数测量仪按行车方向平放在标线上，测取每个点上的逆反射系数，求 5 个点算

术平均值。应符合第二章中的规定。

表 G1 标志线色品坐标和光亮因数的范围

颜色			色品坐标　光源：标准光源 D_{65} （几何 45°/0°）				光亮度因数
			1	2	3	4	
表面色	白	x	0.350	0.300	0.290	0.340	≥75%
		y	0.360	0.310	0.320	0.370	
	黄	x	0.531	0.464	0.427	0.477	≥45%
		y	0.468	0.534	0.483	0.433	
逆反射材料色	白	x	0.350	0.300	0.290	0.340	≥35%
		y	0.360	0.310	0.320	0.370	
	黄	x	0.531	0.464	0.427	0.477	≥27%
		y	0.468	0.534	0.483	0.433	

附录 *H*　标记牌上的字符形状

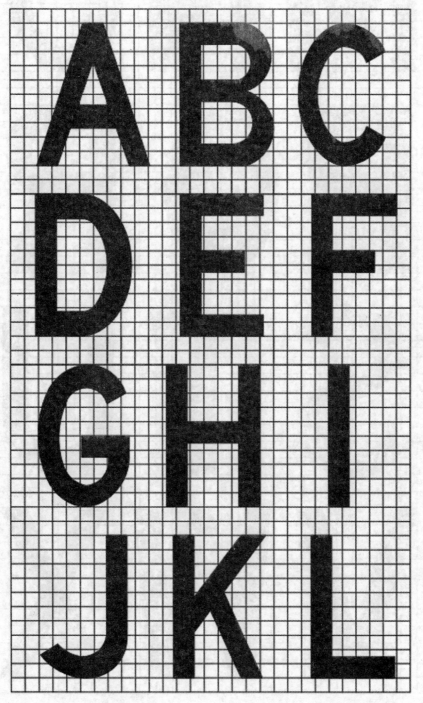

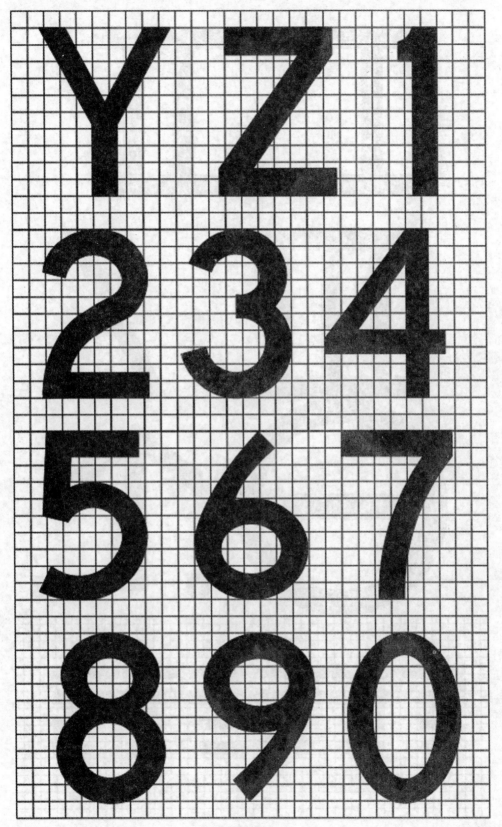

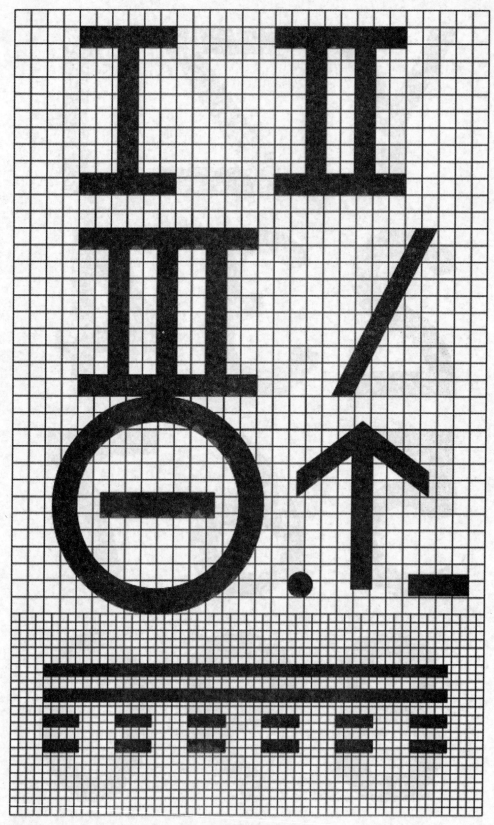

附录 I　标志的字符形状、比例与尺寸

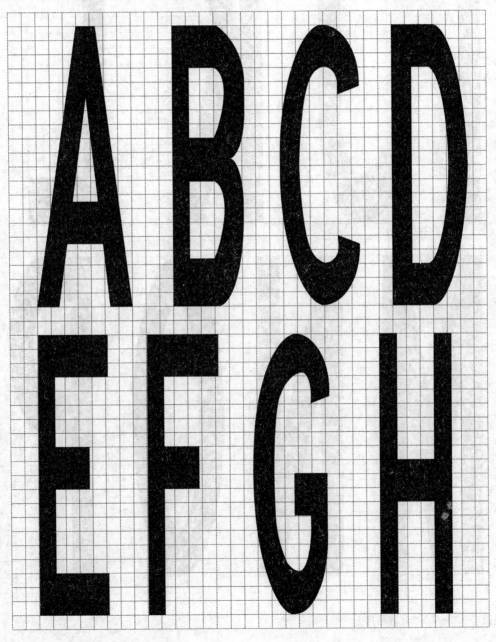

注：设在 0.2m×0.2m 方格网上。

注：设在 0.2m×0.2m 方格网上。

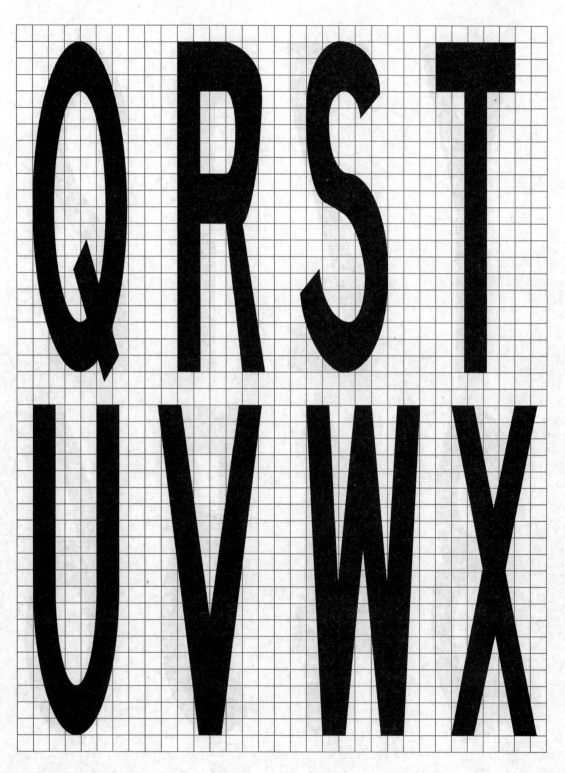

注：设在 0.2m×0.2m 方格网上。

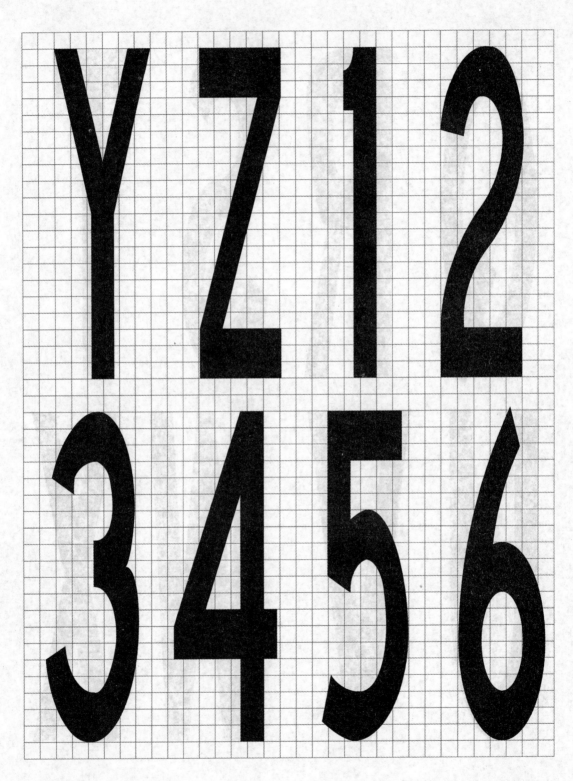

注：设在 0.2m×0.2m 方格网上。

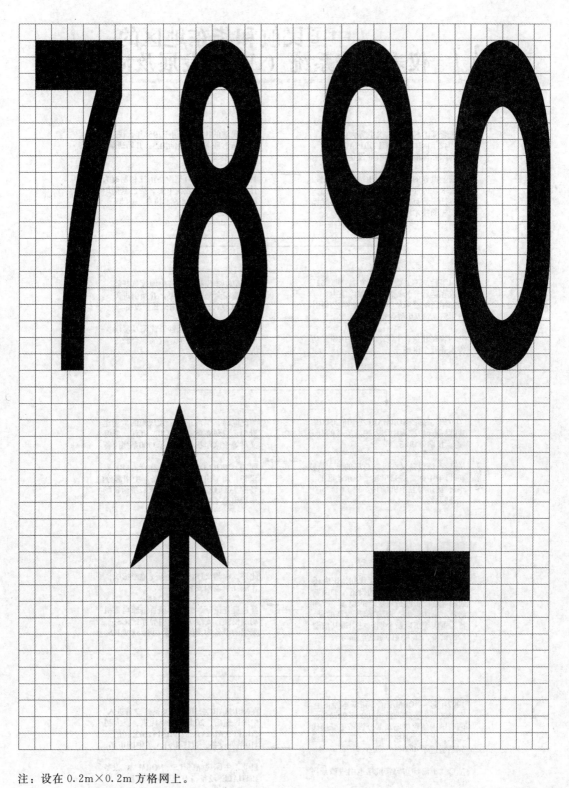

注：设在 0.2m×0.2m 方格网上。

附录J 中国民航和华东地区的 仪表着陆系统（ILS）发展及应用概况

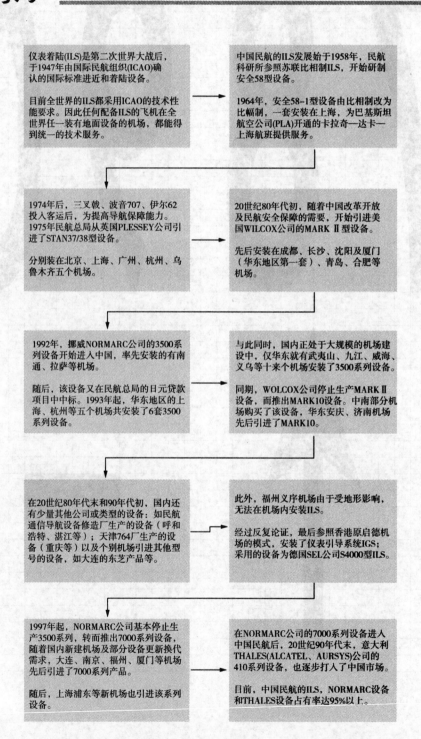

仪表着陆(ILS)是第二次世界大战后，于1947年由国际民航组织(ICAO)确认的国际标准进近和着陆设备。

目前全世界的ILS都采用ICAO的技术性能要求。因此任何配备ILS的飞机在全世界任一装有地面设备的机场，都能得到统一的技术服务。

中国民航的ILS发展始于1958年，民航科研所参照苏联比相制ILS，开始研制安全58型设备。

1964年，安全58-1型设备由比相制改为比幅制，一套安装在上海，为巴基斯坦航空公司(PLA)开通的卡拉奇—达卡—上海航班提供服务。

1974年后，三叉戟、波音707、伊尔62投入客运后，为提高导航保障能力。1975年民航总局从英国PLESSEY公司引进了STAN37/38型设备。

分别装在北京、上海、广州、杭州、乌鲁木齐五个机场。

20世纪80年代初，随着中国改革开放及民航安全保障的需要，开始引进美国WILCOX公司的MARK Ⅱ型设备。

先后安装在成都、长沙、沈阳及厦门（华东地区第一套）、青岛、合肥等机场。

1992年，挪威NORMARC公司的3500系列设备开始进入中国，率先安装的有南通、拉萨等机场。

随后，该设备又在民航总局的日元贷款项目中中标。1993年起，华东地区的上海、杭州等五个机场共安装了6套3500系列设备。

与此同时，国内正处于大规模的机场建设中，仅华东就有武夷山、九江、威海、义乌等十来个机场安装了3500系列设备。

同期，WOLCOX公司停止生产MARK Ⅱ设备，而推出MARK10设备。中南部分机场购买了该设备，华东安庆、济南机场先后引进了MARK10。

在20世纪80年代末和90年代初，国内还有少量其他公司或类型的设备：如民航通信导航设备修造厂生产的设备（呼和浩特、湛江等）；天津764厂生产的设备（重庆等）以及个别机场引进其他型号的设备，如大连的东芝产品等。

此外，福州义序机场由于受地形影响，无法在机场内安装ILS。

经过反复论证，最后参照香港原启德机场的模式，安装了仪表引导系统IGS；采用的设备为德国SEL公司S4000型ILS。

1997年起，NORMARC公司基本停止生产3500系列，转而推出7000系列设备，随着国内新建机场及部分设备更新换代需求，大连、南京、福州、厦门等机场先后引进了7000系列产品。

随后，上海浦东等新机场也引进该系列设备。

在NORMARC公司的7000系列设备进入中国民航后，20世纪90年代末，意大利THALES(ALCATEL、AURSYS)公司的410系列设备，也逐步打入了中国市场。

目前，中国民航的ILS，NORMARC设备和THALES设备占有率达95%以上。

附录K 中国民航和华东地区的全向信标/测距仪（VOR/DME）发展及应用概况

1965年，为适应高空高速飞机飞行的需要，民航总局从法国THOMSOM公司引进4套VOR，分别安装在大王庄、无锡、英德、昆明四地。

这款RAO1615/2VOR，功放部分为电子管，射频输出功率为200瓦。

1976年，为配合国际通航需要，加强航路导航，民航总局从法国THOMSON公司引进了10套VOR，其中一套TAH510型设备安装在邳县导航台。

这种全固态设备，射频输出功率为50瓦，采用2单元天线阵；邳县VOR于1980年投产。

同时，天津764厂根据THOMSON公司的样机，也开始研制生产VOR。1980年一台764厂生产的QXDD型VOR交付给上海南汇导航台，1981年7月投入使用。

这台VOR的功放采用金属陶瓷管，输出功率为100瓦，采用5单元天线阵，天线总高14.4米。

1986年，由于无锡VOR台设备老化，经民航总局同意，从WILCOX公司和意大利FACE公司分别引进了585B VOR和FSD 15DME。

FSD15 DME为全固态设备，末级功放采用八个功放块（每个功放块功率为200瓦）功率合成输出，输出总功率为1200瓦。

1983年，新建的厦门机场引进了WILCOX公司585B VOR和596B DME，成为华东地区第一个配备VOR/DME的机场。随后，福州义序机场扩建，又引进了一大鹏585B VOR和596B DME。

585B VOR为全固态电路，输出功率为100瓦，采用一单元天线阵，使天线高度大大降低。

1981年，北京首都机场得到联合国开发计划署的援助，配置了美国WILCOX公司的596B型测距仪（DME）。由于器件原因，末级功放采用金属陶瓷管和强制风冷，脉冲输出功率为1000瓦。

由于使用效果较好，1982年民航总局引进了7套改型DME，其中一大部分配给了上海虹桥机场。

此后，随着多普VOR(DVOR)的推广，民航总局从英国RACAL公司引进了一批DVOR，主要分配给中西部地区。

由于该公司没有配备大量的DME，1988年民航总局从法国THOMSON公司采购了10多套DVOR和DME。黄山机场获得第一套该设备。

与此同时，还有部分机场，从美国WILCOS公司引进了MARK 10型设备。

此外，1991年福州义序机场由于受地形影响，无法在机场内安装ILS，采用了仅表引导系统IGS，采用的设备为德国SEL公司S4000型ILS。

到20世纪90年代初，华东地区总共安装了10余套VOR/DME。

随后，澳大利亚AWA公司在民航总局的日元贷款建设项目中中标，1993年至1997年，华东地区先后在南昌、上海、杭州、赣州、南汇等地配置了12套DVO/DME。

1997年后，意大利ALCATEL公司的DVOR/DME开始进入中国市场。华东地区先后有南京、徐州、浦东、南昌等机场安装了该公司设备。

而同时，杭州新机场则采购了AWA设备。这样，中国民航的VOR/DME市场基本就被这两个公司的产品占据了。

与此同时，华东地区还有南通、武夷山、义乌、黄岩、九江、威海、潍坊、晋江、福州等新建或扩建机场的建设项目，都先后配置了AWA公司的DVOR/DME。

至此，华东地区VOR/DME的数量已达30多套，约为全民航总量的四分之一。

附录L 机载天线位置示意图

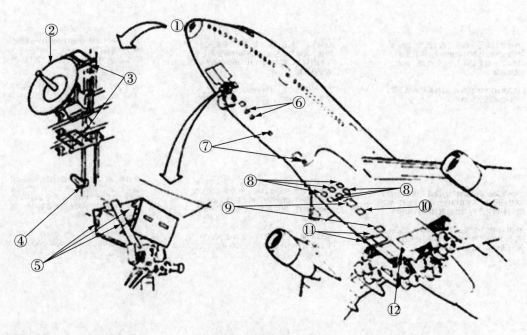

① 天线罩	④ 下滑道捕获	⑦ DMW天线	⑩ 指点标天线
② 气象雷达	⑤ 下滑道轨迹	⑧ 低高度无线电	⑪ 辨向天线
③ 航向道	⑥ 管制联系天线	⑨ ADF的环形天线	⑫ 甚高频通信

参 考 文 献

[1] 中华人民共和国民用航空行业标准.民用机场飞行区技术标准：MH 5001-2013 [S].

[2] 中华人民共和国国家标准.民用机场灯具一般要求：GB/T 7256-2005 [S].

[3] 中华人民共和国民用航空行业标准.民用机场道面评价管理技术规范：MHT 5024-2009 [S].

[4] 中华人民共和国行业标准.民用机场飞行区工程竣工验收质量检验评定标准：MHJ 5007-2000 [S].

[5] 中国民用航空总局机场司工作手册.民用机场飞行区场地维护手册：WM-CA-2000-8 [S].2000-4-30.

[6] 中华人民共和国民用航空行业标准.滑行引导标记牌：MH/T 6011-1999 [S].

[7] 中华人民共和国民用航空行业标准.民用机场目视助航设施施工质量验收规范：MH 5012-2010 [S].

[8] 中国民用航空局第191号令.民用机场运行安全管理规定：CCAR-140.

[9] 中华人民共和国行业标准.公路交通标志和标线设置规范：JTG D82-2009 [S].

[10] 中华人民共和国交通行业标准.路面标线用玻璃珠：JT/T 446-2001 [S].

[11] 中华人民共和国民用航空行业标准.滑行道边逆向反光标志物：MH/T 6035-2005 [S].

[12] 国际民航组织国际标准和建议措施.国际民用航空公约附件14：机场.

[13] 王维.机场飞行区管理与场道施工 [M].北京：人民交通出版社，2007.

[14] 高金华，王维.机场工程 [M].天津：天津科技出版社，2000.

[15] 李满仓.场道维护与养护 [M].北京：中国民航出版社，2006.

[16] 王维.机场场道维护管理 [M].北京：中国民航出版社，2008.

[17] 杨太东，张积洪.机场运行指挥 [M].北京：中国民航出版社，2008.